I0057756

Leitfaden der Mineralogie

Von

DR. PAUL SIEPERT

Direktor der städtischen Höheren Mädchenschule in Rixdorf

Mit 53 Figuren im Text.

Berlin und München
Druck und Verlag von R. Oldenbourg
Abteilung für Schulbücher
1910

Inhalts-Verzeichnis.

A. Mineralien.

B. Gesteine 42

A. Mineralien.

I. Krystall und amorphe Substanz.

§ 1. Inneres Verhalten der Substanz.

Versuche:

a) Wir zertrümmern eine Platte Leim (oder ein Stück Glas). Sie zerspringt in lauter unregelmäßig gestaltete Bruchstücke.

b) Wir zertrümmern ein Stück Steinsalz (oder Bleiglanz oder Kalkspat). Die Bruchstücke sind alle regelmäßig gestaltet und von ebenen Flächen begrenzt. Es entstehen kleine Würfel (oder beim Kalkspat schiefe würfelähnliche Körper).

Folgerung: Es lassen sich bei den festen Körpern zwei Arten von Substanzen unterscheiden:

a) Solche, wie der Leim (das Glas), bei welchen sich die Substanz nach allen Richtungen gleich verhält. Die Spaltrisse bilden sich nach allen Richtungen hin gleich gut oder gleich schlecht. Die Spaltflächen sind uneben.

b) Solche, welche wie das Steinsalz (der Bleiglanz oder Kalkspat) nach verschiedenen Richtungen sich verschieden verhalten. So spaltet das Steinsalz (Bleiglanz, Kalkspat) nach drei Richtungen gut (die Spaltflächen sind glatt), dazwischen schlecht (die Spaltflächen sind uneben).

§ 2. Äußeres Verhalten der Substanz.

Versuche:

a) Wir lösen Leimbruchstücke in wenig heißem Wasser auf und lassen erkalten. Der Leim erstarrt zu einer festen Masse, deren Gestalt sich der des Gefäßes vollkommen anpaßt.

b) Wir lösen die Steinsalzbruchstücke in möglichst wenig heißem Wasser auf (und dampfen ev. noch etwas ein). Beim Erkalten setzen sich kleine Würfel ab.

Folgerungen: Im Zusammenhange mit dem inneren Verhalten steht die äußere Gestalt:

a) wenn alle Richtungen im Körper gleichmäßig ausgebildet sind, besteht für die kleinsten Teilchen (Moleküle) kein Richtungszwang. Die Körper können jede beliebige Gestalt annehmen und richten sich nach ihrer jeweiligen Umgebung. Man nennt sie **amorph** (gestaltlos).

Beispiele: Leim, Glas, Opal.

b) Wenn dagegen gewisse Richtungen durch das Verhalten der Substanz ausgezeichnet sind, so ordnen sich die Moleküle nach bestimmten Richtungen; die Körper nehmen eine bestimmte Gestalt an und werden von Ebenen begrenzt.

Nun kann man zwar auch Glas durch Pressen in eine bestimmte Form oder durch Anschleifen in eine solche bringen; aber immer wird diese Gestalt künstlich hervorgerufen, niemals tritt sie wie beim Steinsalz von selbst in Erscheinung.

Solche sich von selbst bildenden ebenflächig begrenzten Körper nennt man **Krystalle**.

§ 3. Gesetz der Winkelkonstanz.

Schon 1669 erkannte der Däne Nikolaus Steno das wichtige Gesetz, daß die Winkel, unter welchen sich die ebenen Flächen eines Krystalls schneiden, für jede Substanz eine bestimmte unabänderliche Größe haben, so daß die Krystallgestalt zur Erkennung der Substanz benutzt werden kann.

II. Die Krystallsysteme.

§ 1. Magneteisenerz von den Tiroler Alpen.

a) Krystallform: Die Krystalle sind begrenzt von acht gleichseitigen Dreiecken, welche sich zu einer vierseitigen Doppelpyramide zusammensetzen. Man nennt diese Krystallform ein Oktaeder (= Achtflächner) (Fig. 1). Ihre Flächen schneiden sich in zwölf gleichen Kanten und sechs gleichen vierkantigen Ecken.

Verbindet man die gegenüberliegenden Ecken durch gerade Linien, Achsen, (in der Fig. 1 punktiert), so schneiden sich diese im Mittelpunkte des Kry- stalls, sind einander gleich und stehen senkrecht aufeinander. Man stellt die eine senkrecht, die zweite von rechts nach links, die dritte von vorne nach hinten gerichtet.

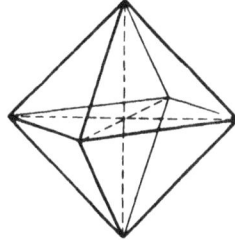

Das Oktaeder ist nach allen Rich- tungen gleich ausgebildet (vorne = hinten = rechts = links = oben =

Fig. 1.   Oktaeder.

unten). Wenn wir es durch eine Ebene halbieren, so zer- fällt es in zwei genau gleiche, spiegelbildartige Hälf- ten. Solche Körper nennt man symmetrisch, die teilende Ebene eine Symmetrieebene.

Solcher Symmetrieebenen hat das Oktaeder neun. 1. eine horizontale, in welcher die beiden Horizontalachsen liegen. 2. eine vertikale, von vorn nach hinten gehende, in welcher die Vertikalachse und die von vorn nach hinten gehende Achse liegt. 3. eine vertikale, von rechts nach links gehende, in welcher die Vertikalachse und die von rechts nach links gehende Achse liegen. Außer diesen drei mit den Achsenebenen zusammen- fallenden Symmetrieebenen lassen sich noch sechs dazwischen liegende nachweisen, welche durch zwei gegenüberliegende Ecken und durch die Mitte zweier gegenüberliegender Kanten gehen. (Fig. 2).

Das Oktaeder zeigt die vollkommenste Symmetrie, da es sich nach allen Richtungen hin gleich verhält.

b) Krystallinisches, derbes, dichtes Vorkommen. Wenn sich an einer Stelle gleichzeitig viele Krystalle bilden, so stoßen sie beim Fortwachsen bald zusammen und hindern sich gegenseitig an der Ausbildung. Es entstehen dann zucker- körnige Massen; man nennt sie krystallinisch oder derb. Werden die Körnchen sehr klein, so daß die Masse dem bloßen

Auge ganz aus einem Stück zu bestehen scheint, so nennt man die Masse dicht.

c) Farbe und Glanz. Das undurchsichtige Mineral ist eisenschwarz. Auf einer rauhen Porzellantafel erzeugt es einen

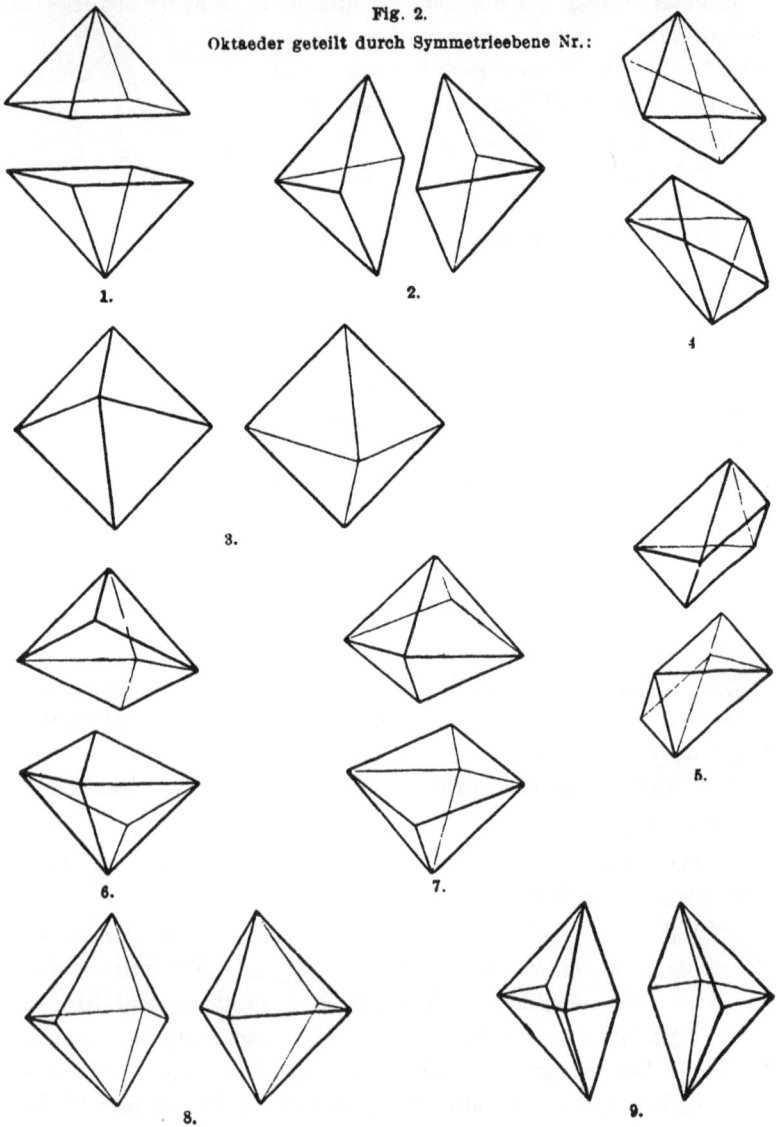

Fig. 2.

Oktaeder geteilt durch Symmetrieebene Nr.:

schwarzen Strich (vgl. Hämatit). Der Glanz ist metallisch und tritt besonders auf den muschligen Bruchflächen stark hervor.

d) Härte: Die Härte des Minerals ist ziemlich bedeutend.

Man hat, um die Härten leicht vergleichen und bestimmen zu können, eine Reihe von verschieden harten Mineralien ausgewählt und zu einer (von M o h s angegebenen) Härteskala geordnet.

Härte 1: Talk
  „ 2: Gyps
  „ 3: Kalkspat (der Fingernagel hat dieselbe Härte)
  „ 4: Flußspat
  „ 5: Apatit
  „ 6: Feldspat (ungefähr Messerstahl)
  „ 7: Quarz
  „ 8: Topas
  „ 9: Korund
  „ 10: Diamant

V e r s u c h : Man reibe mit je einem Stückchen der Härteskala, von den weichsten (Talk) anfangend auf einer Magneteisenerzfläche und probiere, welches das Magneteisenerz zuerst ritzt. Es gelingt zuerst beim Apatit (5), manchmal erst mit dem Feldspat (6).

Man sagt daher, das Magneteisenerz habe die Härte 5—6.

e) D i c h t e o d e r s p e z i f i s c h e s G e w i c h t.

V e r s u c h : Wir befestigen einen kleinen Magneteisenerzkrystall an einem feinen Faden, hängen ihn an die kürzere Schale einer hydrostatischen Wage und bringen ihn ins Gleichgewicht (etwa durch 6 g) und tauchen ihn dann in Wasser. Dabei beobachten wir, daß er einen Gewichtsverlust erleidet (etwa 1,2 g). Den Quotienten:

$$\frac{\text{Gewicht in Luft}}{\text{Gewichtsverlust in Wasser}} = \frac{6}{1,2} = 5$$

nennt man die Dichte (spez. Gew.) des Körpers.

Also hat das Magneteisenerz die Dichte (spez. Gew.) 5.

f) M a g n e t i s m u s. Manche Vorkommen haben die Eigenschaft, kleine Eisenstückchen anzuziehen und festzuhalten. Sie sind magnetisch.

g) C h e m i s c h e Z u s a m m e n s e t z u n g. Das Mineral ist eine Verbindung des Metalls Eisen mit Sauerstoff (einem Gase, das einen Hauptbestandteil der Luft bildet.)

h) V o r k o m m e n. Die Krystalle kommen gewöhnlich eingewachsen in Talk- und Chloritschiefer (Alpen) vor oder auf derbem Magneteisenerz aufgewachsen. Derbe und dichte Vorkommen von oft gewaltiger Ausdehnung finden sich im Harz, Riesengebirge, Erzgebirge, Thüringer Wald, vorzugsweise aber in Schweden und im Ural. Auch Nordamerika ist reich an Magneteisenerz.

i) Verwendung. Das Magneteisenerz ist eines der wichtigsten Eisenerze.

§ 2. Bleiglanz von Neudorf (Harz).

a) Krystallform.

1. Die Krystalle sind Würfel (Hexaeder = Sechsflächner), begrenzt von sechs gleichen quadratischen Flächen, zwölf

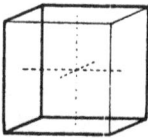

gleichen Kanten und acht gleichen vierkantigen Ecken. Verbindet man die Mittelpunkte der gegenüberliegenden Flächen durch gerade Linien (Achsen), so sind auch hier die Achsen gleichlang und stehen aufeinander

Fig. 3. Hexaeder. senkrecht. Die Flächen schneiden nur eine Achse und gehen den beiden anderen parallel, fallen also mit den Achsenebenen ihrer Lage nach zusammen (Fig. 3).

Auch der Würfel zeigt vollkommenste Symmetrie, er ist vorn = hinten = rechts = links = oben = unten. Bei ihm sind ebenfalls neun Symmetrieebenen vorhanden, von denen

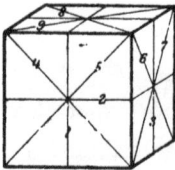

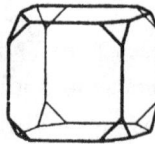

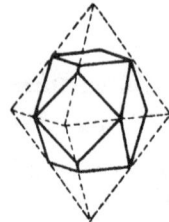

Fig. 4. Hexaeder mit eingezeichneten neun Symmetrieebenen.   Fig. 5.   Fig. 6.

drei ihrer Lage nach mit den Achsenebenen, also den Würfelflächen, zusammenfallen, die sechs anderen Zwischenlagen haben (Fig. 4).

2. Manche Krystalle zeigen an den Würfeln dreiseitige Abstumpfungen der Ecken (Fig. 5). Denkt man sich diese

Flächen bis zum Durchschnitt vergrößert, so entsteht ein Oktaeder (Fig. 6), wie wir es beim Magneteisenerz kennen gelernt haben. Diese Krystalle zeigen also neben den Würfelflächen gleichzeitig die Oktaederflächen. Man sagt: Sie sind eine Kombination des Würfels mit dem Oktaeder.

b) **Farbe und Glanz.** Das Mineral ist bleigrau mit einem Stich ins Rötliche und besitzt ausgezeichneten Metallglanz.

c) **Härte und Bruch.**

Versuche:

a) Wir probieren die Härteskala durch und finden, daß Bleiglanz Kalkspat ritzt, also Härte 3.

b) Wir zerschlagen einen kleinen Krystall. Er zerspaltet in lauter kleine Würfelchen mit glatten Flächen.

Der Bleiglanz hat einen ausgezeichneten **Blätterbruch** oder **Spaltbarkeit** nach der Würfelfläche.

d) **Dichte (spez. Gew.).**

Das Eintauchen eines in Luft gewogenen (z. B. 15 g schweren) Bleiglanzstückes in Wasser und das Bestimmen des Gewichtsverlustes im Wasser (z. B. 2 g) ergibt als Dichte 7,5.

e) **Chemische Zusammensetzung.**

Versuche:

a) Schmelze vor dem Lötrohr auf Holzkohle ein Stückchen Soda, lege die Schmelze auf eine blanke Silbermünze und feuchte die Schmelze mit ein paar Tropfen Wasser an. Die Silbermünze bleibt ungeändert.

b) Schmelze etwas Schwefel und Soda auf der Kohle zusammen und verfahre wie unter a. Auf der Silbermünze entsteht ein **brauner Fleck** (von **Schwefelsilber: Nachweis des Schwefels**).

c) Zerreibe etwas Bleiglanz mit Soda zusammen und schmelze auf der Kohle vor dem Lötrohr. Die Kohle erhält einen **gelben Anflug** (»**Bleibeschlag**«). Die Schmelze breche nebst der umgebenden Kohle heraus, bringe ein Stückchen auf eine Silbermünze und feuchte an. Der braune Fleck deutet auf Anwesenheit von **Schwefel**. Den Rest zerreibe in einem Mörser und spüle vorsichtig die Kohleteilchen ab. Am Boden des Mörsers zeigen sich breitgedrückte Metallflitter und glänzende graue Striche: **Blei**.

Der Bleiglanz, aus Blei und Schwefel bestehend, ist eine chemische Verbindung beider Stoffe (Schwefelblei). Solche

Schwefelverbindungen nennt man Sulfide; Bleiglanz ist also Bleisulfid.

f) Vorkommen. Der Bleiglanz findet sich in Krystallen, sowie derb und dicht (Bleischweif) in Erzlagern. Die wichtigsten Fundstellen sind: Harz, Westfalen, Nassau, Schwarzwald, Erzgebirge, Böhmen, Oberschlesien, Bretagne, England, Nordamerika.

g) Verwendung. Er ist das wichtigste Bleierz, durch den fast nie fehlenden Silbergehalt noch besonders wertvoll.

Anmerkung. Dem Bleiglanz sehr ähnlich ist der Silberglanz, welcher weich und mit dem Messer schneidbar ist.

§ 3. Granat von Tirol.

a) Krystallform. Der Krystall ist von zwölf Rhombenflächen begrenzt, welche sich in 24 gleichen Kanten schneiden. Es werden dadurch sechs gleiche vierkantige und acht gleiche dreikantige Ecken gebildet. Man nennt den Körper ein Rhombendodekaeder (= Rhombenzwölfflächner) oder Granatoeder. (Fig. 7). Die Achsen legt man durch je zwei gegenüberliegende vierkantige Ecken. Diese Achsen sind gleich und stehen aufeinander senkrecht. Die Flächen schneiden also stets zwei Achsen und gehen der dritten parallel.

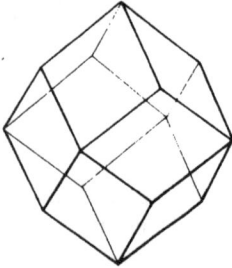

Fig. 7. Granatoeder.

Der Körper ist ebenfalls vollkommen symmetrisch gebaut (oben = unten = rechts = links = vorn = hinten). Wir können ihn zunächst durch die drei Achsenebenen in zwei gleiche Hälften teilen, also drei Symmetrieebenen parallel den Würfelflächen. Außerdem läßt sich der Krystall noch nach sechs Ebenen teilen, welche seinen Flächen parallel gehen. Mithin zeigt auch dieser Krystall neun Symmetrieebenen.

b) Farbe und Glanz. Der Granat zeigt Glasglanz und ist durchsichtig oder durchscheinend bis undurchsichtig und kommt in allen Farben außer blau vor.

b) **Härte, Bruch und Dichte.** Die Härte beträgt 7—8. Das Mineral ist spröde und zeigt unregelmäßigen, kleinmuschligen Bruch. Das spez. Gew. ist 3,5—4,2.

d) **Chemische Zusammensetzung.** Der Granat ist eine Kieselsäureverbindung von Aluminium nebst Kalzium, Magnesium, Eisen, auch wohl Chrom und Mangan. Je nach der Zusammensetzung unterscheidet man viele Varietäten.

e) **Vorkommen.** Der Granat findet sich auf Erzgängen, sowie eingewachsen in vielen Gesteinen. Durch die Verwitterung der letzteren (Zerstörung durch Luft und Wasser) gelangt er in die Flußsande (»Seifen«).

f) **Verwendung.** Die durchsichtigen, schöngefärbten finden als Edelsteine in geschliffenem Zustande Verwendung, so der blutrote (mit einem Stiche ins Blaue) **Almandin** oder **Karfunkel**, der dunkelblutrote (mit einem Stich ins Gelbliche) **Pyrop** oder **böhmischer Granat**, ferner der hyazinthrote **Kaneelstein** oder **Hessonit**.

Wichtige Fundstätten für »edle« Granaten sind: Böhmen, Tirol, Norwegen, Ceylon, Nordamerika, Brasilien.

§ 4. Das reguläre (tesserale) System.

1. Das reguläre System.

Die bislang besprochenen Krystallformen Oktaeder, Hexaeder und Rhombendodekaeder zeigen als gemeinsame Eigenschaften: 1. Drei gleiche aufeinander senkrechte Achsen, 2. vollkommene Symmetrie (oben = unten = rechts = links = vorn = hinten), sie sind durch neun Symmetrieebenen teilbar, von denen drei mit den Würfelflächen, sechs mit den Rhombendodekaederflächen zusammenfallen.

Alle Krystallformen mit diesen Symmetrieeigenschaften faßt man zu dem **regulären (tesseralen) System** zusammen, dessen charakteristische Eigenschaften also **drei gleiche, aufeinander senkrechte Achsen** und **neun Symmetrieebenen** sind.

Von weniger wichtigen hierher gehörigen Krystallkörpern seien noch genannt:

1. Der Pyramidenwürfel (Tetrakishexaeder, Fig. 8),
2. das Ikositetraeder (Fig. 9),
3. das Pyramidenoktaeder (Triakisoktaeder, Fig. 10),
4. der Achtundvierzigflächner (Hexakisoktaeder, Fig. 11).

Fig. 8.	Fig. 9.	Fig. 10.	Fig. 11.
Tetrakishexaeder (Pyramidenwürfel).	Ikositetraeder.	Triakisoktaeder (Pyramidenoktoeder).	Hexakisoktaeder (Achtundvierzigflächner).

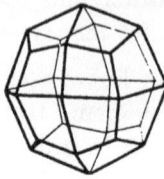

Wie wir beim Bleiglanz gesehen haben, können mehrere dieser Formen an einem Krystalle gleichzeitig auftreten und eine Kombination bilden (z. B. Fig. 12, 13 und 14). Immer aber wird auch hierbei die Symmetrie gewahrt.

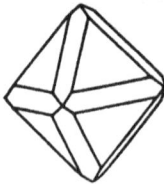

Fig. 12.	Fig. 13.	Fig. 14.
Oktaeder und Rhombendodekaeder.	Würfel und Rhombendodekaeder.	Oktaeder und Ikositetraeder.

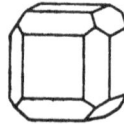

2. Weitere Beispiele regulär krystallisierender Mineralien.

Außer den bereits genannten sind noch folgende wichtigere hierhergehörige Mineralien zu besprechen:

1. Das Steinsalz, in Hexaedern krystallisierend, kommt aber meist in derben Massen vor, glasglänzend, durchsichtig, farblos, grün, blau oder schwärzlich-grau (durch organische Substanz) oder rötlich (durch eingelagerte feine Eisenglanzschüppchen) gefärbt. Die Härte liegt zwischen 2 und 3.

Seiner chemischen Zusammensetzung nach ist es eine Verbindung des Elementes Chlor (wirksamer Bestandteil des

»Chlorkalks«) mit dem Metall Natrium (färbt die nicht leuch-
tende Flamme eines Spiritus- oder Bunsenbrenners gelb).

In großen Mengen findet es sich im Meere aufgelöst und
wird aus diesem in heißen, trocknen Gegenden durch Eintrocknen in sog. »Salzgärten« gewonnen, in Polargegenden
durch Einfrierenlassen (das Eis ist nahezu salzfrei, so daß
das zurückbleibende Wasser sehr reich an Salz wird).

Durch das Eintrocknen von großen Meeresbecken haben
sich die Salzlager gebildet. Wichtige Vorkommen der Art
sind: Staßfurt, Sperenberg, Lüneburg, Salzburg, Salzkammer-
gut u. a.

In solchen salzreichen Gegenden gelangt das Quellwasser
manchmal an salzführende Erdschichten, löst das Salz auf
und tritt als Salzwasserquelle oder Sole an die Erdoberfläche.

Vielfach wird das Salz durch regelrechten Bergbau gewonnen. An anderen Stellen bohrt man einen Schacht (Bohr-
loch) in die Erde, bis man auf salzführende Schichten kommt,
läßt Wasser hineinlaufen und pumpt die so künstlich gewonnene
Sole wieder heraus.

Die meist nicht starken Solen reichert man dadurch an,
daß man sie über Gradierwände (Wände aus Reisigbündeln,
welche senkrecht gegen die herrschende Windrichtung gestellt
sind) fließen läßt. Hier wird durch den Luftzug das Wasser
verdunstet (vgl. das Wäschetrocknen) und so die Sole reicher
an Salz. Gleichzeitig setzen sich an dem Reisig schwerlösliche
Verunreinigungen (wie Gips) ab. Schließlich wird aus der
angereicherten Sole das Salz durch Eindampfen gewonnen.

Die mit dem Steinsalz gelegentlich zusammen vorkom-
menden anderen im Meerwasser enthaltenen Salze (sehr leicht
lösliche Kalium- und Magnesiumverbindungen, welche sich
daher zuletzt abscheiden und so über dem Steinsalz liegen),
heißen Abraumsalze und dienen als Ausgangsmaterial für
die Herstellung von Chemikalien und Düngemitteln (z. B. Kar-
nallit, Kainit).

2. Flußspat, kommt in grünlichen, violetten, auch farb-
losen Hexaedern vor, welche nicht selten abgestumpfte Ecken
(also Kombination mit dem Oktaeder, Fig. 5) und Kanten (also

Kombination mit dem Rhombendodekaeder, Fig. 13) zeigen.
Manche Vorkommen sind im durchfallenden Lichte grün, im
auffallenden violett (Fluoreszenz). Flußspat läßt sich leicht
nach den Oktaederflächen spalten, zeigt Glasglanz und besitzt
die Härte 4 und das spez. Gewicht 3,2.

Seiner chemischen Zusammensetzung nach ist er eine
Verbindung des chlorähnlichen Elements Fluor mit dem
Metall Kalzium.

Er kommt in wohlausgebildeten Krystallen, derb und
dicht vor, namentlich auf Erzgängen, und wird als »Zuschlag«
beim Ausschmelzen der Metalle aus den Erzen verwandt. Der
Flußspat bildet mit den anderen Bestandteilen der Erze eine
glasartige Masse (Schlacke), welche das gewonnene Metall vor
dem Verbrennen schützt. Außerdem verwendet man schön
gefärbten Flußspat im Kunstgewerbe zur Herstellung von
Ornamenten aller Art und in der chemischen Industrie zur
Herstellung von Flußsäure (Glasätzen!).

§ 5. Hemiedrie (Halbflächigkeit) des regulären Systems.

1. Tetraedrische (geneigtflächige) Hemiedrie.

a) Fahlerz.

1. Krystallform. Die Krystalle sind von vier gleichseitigen Dreiecken begrenzt, welche in sechs gleichen Kanten
und vier gleichen dreikantigen Ecken zusammen-
stoßen. Man nennt die Krystallform ein Tetraeder. (Fig. 15).

Das Tetraeder läßt sich durch sechs Symmetrieebenen, welche immer durch eine Kante
und die Mitte der gegenüberliegenden Kante
gehen, in zwei gleiche spiegelbildartige Hälften
zerlegen. Es gehen die drei aufeinander senkrechten gleichen
Achsen durch die Mitten der gegenüberliegenden Kanten.

Manchmal kommt es vor, daß die Ecken des Tetraeders
durch vier kleine gleichseitige Dreiecksflächen abgestumpft

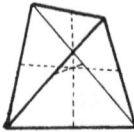
Fig. 15.
Tetraeder.

werden (Fig. 16). Denkt man sich diese immer mehr vergrößert, so entsteht schließlich ein Oktaeder (Fig. 17).

Das Tetraeder kann also aufgefaßt werden als ein Oktaeder,
bei welchem nur die Hälfte der Flächen ausgebildet ist, nach

Fig. 16. Kombination eines
positiven und eines nega-
tiven Tetraeders.

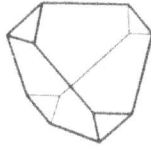

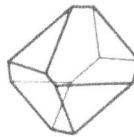

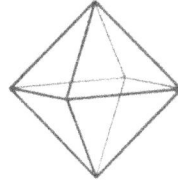

Fig. 17.

dem Gesetz: die abwechselnden Oktanten verhalten sich verschieden. (Gesetz der tetraedrischen Hemiedrie). So
entstehen, je nachdem die linke oder rechte obere Hälfte des
Oktaeders verschwindet, ein positives oder negatives Tetraeder.
In Fig. 18 befindet sich in der Mitte das Oktaeder, dessen

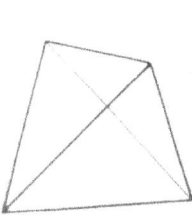

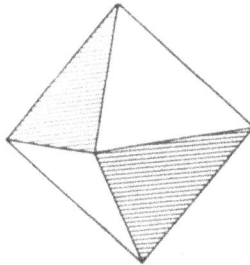

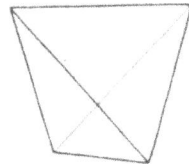

Fig. 18. Entstehung des Tetraeders.

abwechselnde Oktanten gestrichelt sind. Denkt man sich die
weißen Flächen bis zum gegenseitigen Durchschnitte ausge-
dehnt, so entsteht das positive Tetraeder, im anderen Falle
das negative Tetraeder. Unter Hemiedrie (Halbflächigkeit) versteht man demnach die gesetzmäßige Ausbildung der Hälfte der eigentlich vorhandenen Flächen,
unter Viertelflächigkeit (Tetartoedrie) nur die Ausbildung des vierten Teils.

Ebenso entsteht aus dem Hexakisoktaeder ein positives und negatives
Hexakistetraeder (Fig. 19), aus dem Ikositetraeder entsprechend zwei

Triakistetraeder (Pyramidentetraeder, (Fig. 20), aus dem Triakisoktaeder das Deltoiddodekaeder oder Deltoeder (Fig. 21), welche
alle wie das Tetraeder sechs Symmetrieebenen haben und gelegentlich
selbstständig oder in Kombinationen mit den anderen Krystallformen
auftreten.

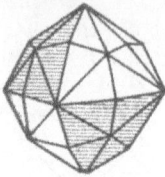

Fig. 19.   Fig. 20.
Hexakisoktoeder.   Hexakistetraeder.   Ikositetraeder.   Triakistetraeder
                                                                 (Pyramidentetraeder)

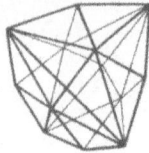

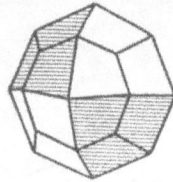

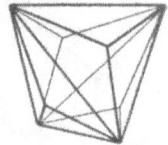

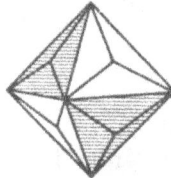

Fig. 21.
Triakisoktaeder.   Deltoeder.

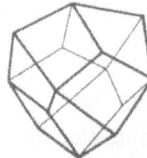

2. Anderweitige Eigenschaften des Fahlerzes. Die
Krystalle wie die derben und dichten Massen zeigen beim
Zerschlagen einen kleinmuschligen, unebenen Bruch (Unterschied gegen den sehr ähnlichen Bleiglanz), sind grau gefärbt
und besitzen schönen Metallglanz. Man unterscheidet nach der
chemischen Zusammensetzung Arsenfahlerze und Antimon-
fahlerze. Neben Arsen und Antimon enthalten sie an Schwefel
gebunden namentlich Kupfer, Silber und Quecksilber.

Sie kommen auf Erzgängen vor und sind ein wichtiges
Kupfererz, auch Silber und Quecksilber wird aus manchen
Vorkommen gewonnen.

b) Diamant.

Hierher gehört auch der Diamant, welcher meist in Oktaedern krystallisiert, doch kommen auch andere, namentlich
tetraedrische Formen vor. Die Oktaeder entstehen durch das
gleichzeitige Auftreten des positiven und des negativen Tetraeders in gleicher Ausdehnung.

Die Krystalle sind entweder farblos und wasserhell (»Steine vom ersten oder reinsten Wasser«), häufig etwas gelblich. Tiefe, satte Farben (blau, rot, grün, auch schwarz) sind selten und sehr geschätzt. Ausgezeichnet sind die Krystalle durch starken »Diamantglanz« und durch ihr hohes Lichtbrechungsvermögen und ihre starke Farbenzerstreuung, worauf ihr schönes Farbenspiel beruht, das durch passendes Anschleifen noch erhöht werden kann.

Das Mineral ist sehr hart (Härte 10), aber auch sehr spröde und läßt sich leicht nach den Oktaederflächen spalten (wichtig für das Schleifen). Das spez. Gewicht beträgt 3,5.

Der Diamant besteht aus reinem Kohlenstoff und ist unter gewissen Umständen verbrennlich.

Vorkommen: Stets ringsum ausgebildete, also schwimmend gebildete, nie auf einer Unterlage aufsitzende Krystalle bis zu Walnußgröße (sehr selten! schon Haselnußgröße ist selten). Er findet sich lose in Flußsanden Vorderindiens und Brasiliens, im Itakolumitsandstein Brasiliens eingebettet, im Kapland in einem blauen vulkanischen Tuffgestein (blue ground) eingelagert.

Schwarzer, derber Diamant von koksähnlichem Aussehen heißt Carbonado.

Verwendung. Seit den ältesten Zeiten wird der Diamant als Edelstein verwendet. Zur Erhöhung der Wirkung wird er geschliffen, was nur durch sein eigenes Pulver geschehen kann. Man schleift meistens Brillanten, indem man ein Oktaeder herausspaltet und nun dieses oben und unten durch Schleifen abstumpft und an den Seiten dreieckige Flächen (Fassetten) anschleift. (Fig. 22).

Fig. 22.
Brillant.

Im Handel werden die Diamanten nach Karat (= ca. 200 mg) verkauft. Die bekanntesten größeren Diamanten sind: der Kohinoor (»Berg des Lichts«), einst im Besitze des Großmoguls von Indien in Delhi, jetzt im britischen Kronschatz ($106\frac{1}{16}$ Karat); der Pitt oder Regent des französischen Kronschatzes ($136\frac{3}{4}$ Karat); der Stern des Südens (254 Karat); der Orlow im Besitze der russischen Krone (194 Karat).

2*

Außerdem wird der Diamant gebraucht zum Schleifen, Bohren und Gravieren anderer Edelsteine, sowie zum Glasschneiden.

Auch die Bohrröhren, welche man bei Tiefbohrungen benutzt, werden für hartes Gesteinsmaterial am Rande mit Diamantsplittern oder Carbonados besetzt.

c) Zinkblende.

Weiter gehört hierher die Zinkblende. Sie krystallisiert seltener in Tetraedern, meist in Oktaedern, deren Zusammensetzung aus zwei Tetraedern durch die abweichende Flächenbeschaffenheit deutlich erkennbar wird. Gewöhnlich sind die Flächen des einen Tetraeders glänzend und glatt, die des anderen rauh und matt. Daneben zeigen sich Hexaeder und Rhombendodekaeder. Selten farblos, sind die Krystalle meistens gefärbt, grün, gelb, rot, braun bis schwarz und zeigen einen fettigen Diamantglanz. Die Härte beträgt 3—4, das spez. Gewicht 4,0.

Die Zinkblende findet sich in aufgewachsenen Krystallen und großblättrigen Massen, sowie in körnigen bis dichten Anhäufungen, auch wohl schalig mit nierenförmiger Oberfläche zusammen mit Bleiglanz, Schwefelkies, Kupferkies, Quarz u. a. Mineralien auf Erzgängen und -Lagern und in Hohlräumen im Kalkstein. Fundstellen sind: Erzgebirge, Böhmen, Harz, Rheinland, Westphalen, Ungarn, Cornwall u. a.

Sie ist eine Verbindung des Metalls Zink mit Schwefel (Schwefelzink), ist also Zinksulfid. Sie ist eins der wichtigsten Zinkerze.

2. Die pyritoedrische (parallelflächige) Hemiedrie des regulären Systems.

a) Eisenkies (Schwefelkies, Pyrit).

1. Krystallform. Das Mineral krystallisiert in Würfeln oder in Pentagondodekaedern (Pyritoedern); letztere sind Krystallformen, welche von zwölf Fünfecken begrenzt werden. Sie entstehen aus dem Pyramidenwürfel, sobald die abwechselnden Flächen verschwinden (Fig. 23).

Hierbei gehen sechs Symmetrieebenen verloren und nur die drei, den Würfelflächen entsprechenden bleiben übrig. Da die Krystallflächen paarweise parallel sind, nennt man diese Halbflächigkeit auch die parallelflächige Hemiedrie.

2. Anderweitige Eigenschaften. Die Farbe ist speisgelb, der Glanz metallisch, so daß das Mineral von Unkundigen oft für Gold gehalten

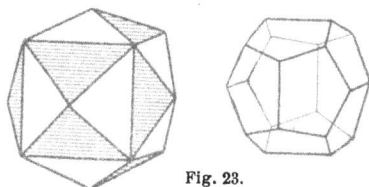

Fig. 23.

Tetrakishexaeder. Pentagondodekaeder, durch Fortfallen der gestrichelten Flächen aus dem Tetrakishexaeder entstanden.

wird. Die Härte beträgt 6, das spez. Gewicht 5. Es besteht aus Eisen und Schwefel, ist also Schwefeleisen oder Eisensulfid.

3. Vorkommen. Schwefelkies ist das verbreitetste Schwefelmetall und findet sich teils in Krystallen, teils derb in vielen Gesteinen eingesprengt, ferner von vielen anderen Erzen begleitet auf Erzgängen und -Lagern. Auch als Versteinerungsmittel von Pflanzen- und Tierresten kommt er vor.

An feuchter Luft nimmt er Wasser und Sauerstoff auf und zerfällt zunächst in ein weißliches Pulver (Eisenvitriol = schwefelsaures Eisen), welches nach und nach braun wird und allmählich in Brauneisenerz übergeht. So findet man oft Hexaeder, welche ursprünglich Eisenkies waren, aber durch Verwitterung zu Brauneisen geworden sind. Man nennt solche Krystalle, deren Krystallform nicht mit der Substanz übereinstimmt, Pseudomorphosen (in unserem Beispiel eine Brauneisenpseudomorphose nach Eisenkies).

4. Verwendung. Schwefelkies wird zur Gewinnung von Schwefel und Schwefelsäure benutzt.

§ 6. Quadratisches (tetragonales) Kristallsystem.

Zinnstein, Zinnerz (Kassiterit).

1. Krystallform. Die Krystalle sind begrenzt von einer vierseitigen Doppelpyramide p und einer vierseitigen Säule oder Prisma s.

Dazu können noch eine zweite Pyramide *P* und ein zweites Prisma *b* treten, welche gegen die vorigen um 90⁰ verwendet sind.

Die Krystalle sind also unten und oben gleich ausgebildet, davon verschieden, aber unter sich gleich vorn = hinten = rechts = links. Sie lassen sich auf eine vertikale Haupt-achse und zwei gleiche, davon verschiedene Nebenachsen be-ziehen, welche alle drei auf-einander senkrecht stehen.

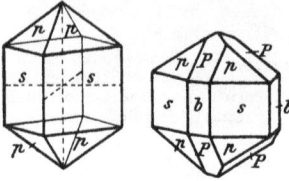

Fig. 24.   Zinnstein.

Die Krystalle lassen sich durch eine Hauptsymmetrieebene in eine obere und eine untere Hälfte teilen, ferner durch vier Nebensymmetrie-ebenen in je zwei seitlich gelegene Hälften zerlegen. Es sind also bei diesen Krystallen nur fünf Symmetrieebenen vorhanden.

Solche Krystalle faßt man zum quadratischen oder tetragonalen System zusammen, das also charakterisiert ist:

1. durch eine vertikale Hauptachse und zwei da-von verschiedene, unter sich gleiche Nebenachsen. Alle Achsen schneiden sich unter einem rechten Winkel.

2. Fünf Symmetrieebenen.

Man unterscheidet bei diesem System:

     a) geschlossene Formen: Pyramiden;

     b) offene Formen, welche durch andere abgeschlossen werden müssen: Prismen;

     c) eine Fläche, welche den beiden horizontalen Achsen parallel geht: Basis.

Sehr häufig sind zwei Krystalle so miteinander ver-wachsen, daß sie eine Pyramidenfläche gemeinsam haben, aber das eine Individuum gegen das andere um 180⁰ gedreht ist. Man nennt solche regelmäßigen Kry-stallverwachsungen Zwillinge. Der Bergmann nennt diese Zwillingsbildungen des Zinnsteins »Zinngraupen« (Fig. 25).

2. Farbe, Härte, Glanz. Das Mineral im reinen Zu-stande ist wasserhell und farblos, meist jedoch grau, braun

oder schwarz gefärbt und höchstens durchscheinend. Der
Glanz liegt zwischen Metall- und Diamantglanz. Die Härte
beträgt 6—7, das spez. Gew. 7.

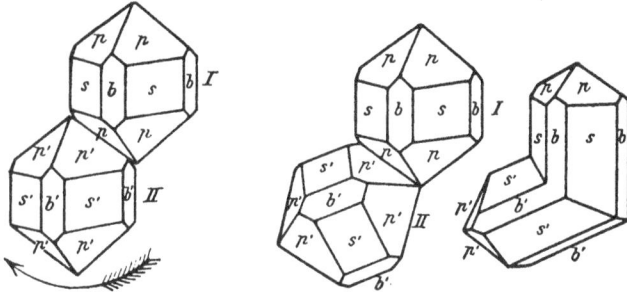

Fig. 25.

Zwei parallele Kry-
stalle mit gemeinsamer
Pyramidenfläche.

Der Krystall II um 180° in der Pfeil-
richtung gedreht bildet mit I einen
Zwilling, »Zinngraupen«.

3. Chemische Zusammensetzung. Der Zinnstein ist
eine Verbindung des Metalls Zinn mit Sauerstoff; solche Sauer-
stoffverbindungen nennt man Oxyde, es ist also Zinnoxyd.

4. Vorkommen. Gewöhnlich findet sich der Zinnstein
in Krystallen, aber auch als derbe Massen, sowie als faserige,
braune Stücke (»Holzzinn« des Bergmanns) in Gängen im
Granit, Gneis und ähnlichen Gesteinen, durch deren Verwitterung er in die Flußsande (Seifen) gelangt.

Erzgebirge, Cornwall, Malakka, Bangka, Queensland sind
die einzigen bedeutenderen Vorkommen.

5. Verwendung. Wichtig als einziges Zinnerz.

Anmerkung. Demselben Krystallsysteme gehört auch der Zirkon
an. Es findet sich als Begleiter vieler Gesteine und lose in Flußsanden
(Seifen). Besonders klare orangegelbe und rote durchsichtige Zirkone
kommen unter dem Namen Hyazinth in den Edelsteinhandel.

§ 7. Hemiedrie des tetragonalen Systems.

Kupferkies (Chalkopyrit).

a) Krystallform. Die Krystalle erscheinen entweder
tetraederartig oder oktaederartig (Fig. 26). Letztere zeigen
fünf Symmetrieebenen, sind also quadratisch.

Das Auftreten von tetraederartigen Krystallen deutet darauf hin, daß der Kupferkies zu den hemiedrisch krystallisierenden Mineralien gehört.

b) **Farbe und Glanz.** Die Farbe ist gelb (mit einem Stich ins Grünliche zum Unterschied gegen den Schwefelkies). Oft läuft die Oberfläche in rötlichen und bläulichen Tönen an. Der Glanz ist metallisch.

c) **Bruch, Härte und spez. Gew.** Das Mineral zeigt unebenen, muschligen Bruch, die Härte 3—4 (ist also erheblich weicher als der ihm oft recht ähnliche Schwefelkies) und das spez. Gew. 4,2.

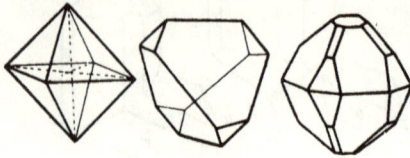

Fig. 26. Kupferkies.

d) **Chemische Zusammensetzung.** Der Kupferkies besteht aus Schwefel, Kupfer und Eisen. Er ist ein **Schwefeleisenkupfer** (oder **Eisenkupfersulfid**).

Versuch mit der Sodaschmelze auf Kohle, um die Kupferflitterchen zu zeigen (analog dem Versuch beim Bleiglanz.)

e) **Vorkommen:** Das Mineral findet sich auf Erzgängen und Lagern zusammen mit Bleiglanz, Blende u. a. in Krystallen, häufiger in derben Massen, denen meist Schwefelkies beigemengt ist. So im Rammelsberg bei Goslar (Harz), Erzgebirge, Westfalen, Cornwall, Norwegen, Schweden, Südamerika. In Schiefern in feinen Körnchen mit anderen Kupfererzen zusammen eingelagert findet er sich bei Mansfeld im sog. Mansfelder »Kupferschiefer«, wo er oft vorzüglich erhaltene Fischabdrücke bildet.

f) **Verwendung.** Er ist das wichtigste Kupfererz.

§ 8. Das rhombische System.

a) Der Schwefel.

1. **Krystallformen.** Die Krystalle sind begrenzt von acht ungleichseitigen Dreiecken, welche eine Doppelpyramide bilden (Fig. 27). Diese Doppelpyramide läßt sich auf drei ungleiche, aufeinander senkrechte Achsen zurück-

führen. Sie wird gewöhnlich so aufgestellt, daß man eine
Achse senkrecht richtet, und die kürzere der beiden anderen
auf den Beschauer zu laufen läßt.

Die Doppelpyramide läßt sich nur durch drei Symmetrieebenen in zwei gleiche Hälften zerlegen, eine horizontale, eine vertikale von vorn nach hinten gerichtete und
eine vertikale von links nach rechts gerichtete. Die Symmetrieebenen fallen also mit den Achsenebenen zusammen.

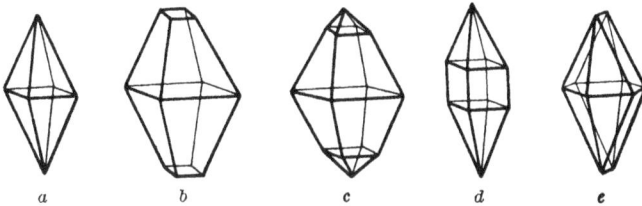

Fig. 27. Schwefel.

a Pyramide, b Pyramide mit Basis, c Pyramide mit zweiter Pyramide,
d Pyramide mit Prisma, e Pyramide mit Doma.

Zu diesen Flächen gesellen sich noch untergeordnet:
1. Eine Fläche, Basis, welche die obere und die untere
Spitze der Pyramide wegnimmt; sie geht der Ebene der
beiden horizontalen Achsen parallel; man nennt solche
Flächen Pinakoide. 2. Eine vertikal gestellte Säule (Prisma),
deren Flächen der Vertikalachse parallel gehen. 3. Eine
Säule, welche horizontal liegend einer der wagerechten Achsen
parallel geht; man bezeichnet solche horizontalen Säulen als
Doma. 4. Auch wohl eine zweite Pyramide.

Immer aber sind nur die drei genannten Symmetrieebenen vorhanden.

2. Anderweitige Eigenschaften. Das Mineral ist gelb-
gefärbt und zeigt fettigen Glanz; es besitzt die Härte 2 und
das spez. Gew. 2.

3. Vorkommen: Der Schwefel findet sich in Krystallen
oder derb oder erdig, meist in der Nähe von Vulkanen oder
als Absatz von Schwefelquellen (schwefelwasserstoffhaltigen
Gewässern). Als Fundorte seien genannt: Sizilien (Girgenti),
Galizien (Swoszowice), Neapel (Solfatara), Vulkano, Island,
Aachen.

4. Verwendung. Zur Herstellung von Zündhölzern, zum
Desinfizieren und Ausschwefeln, zur Darstellung von Schieß-
pulver, in der Feuerwerkerei, zur Gewinnung von Schwefelsäure u. a.

b) Der Olivin.

1. Krystallform. Die Krystalle (Fig. 28) sind von acht
Vertikalflächen begrenzt. Von diesen bilden vier (s) ein
Prisma, eine (v) vorn und hinten gehen
der von links nach rechts verlaufenden
und der Vertikalachse parallel; man
nennt sie die Querfläche, ein Paar
rechts und links gelegene (l) gehen
der horizontalen, von vorn nach hinten verlaufenden Achse und der Vertikalachse parallel; man nennt sie die

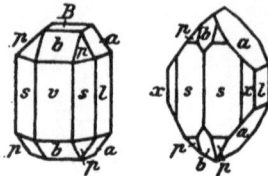

Fig. 28. Olivin.

Längsfläche, (Querfläche und Längsfläche sind also ebenfalls
wie die Basis Pinakoide.)

Oben und unten werden die Krystalle abgeschlossen durch
eine vierseitige Pyramide p, deren Kanten durch eine parallel
der von vorn nach hinten verlaufenden Achse liegende horizontale Säule, einem Längsdoma a, und durch ein der von
rechts nach links gehenden Achse parallel liegendes Querdoma b abgestumpft werden. Gelegentlich wird auch die
obere und untere Spitze durch die Basis B abgestumpft, auch
tritt ein zweites Prisma x auf.

Auch diese Krystalle lassen sich nur durch drei Symmetrieebenen teilen und auf drei ungleiche, aufeinander senkrechte Achsen zurückführen.

2. Anderweitige Eigenschaften. Das Mineral ist
olivengrün, gelb oder braun gefärbt, durchsichtig bis durchscheinend und zeigt Glasglanz. Die Härte beträgt 6—7, das
spez. Gew. 3,2—3,5.

3. Chemische Zusammensetzung. Der Olivin ist eine
Kieselsäureverbindung (ein Silikat) der Metalle Magnesium
und Eisen.

4. Vorkommen. Er findet sich in Krystallen oder unregelmäßigen Körnern als wichtiger Gesteinsgemengteil (im

Gabbro, Diabas, Basalt), bildet auch selbst Gesteine (Olivin-felse) und kommt in vielen Meteoriten als einer der Haupt-bestandteile vor.

Aus ihm entsteht durch Verwitterung der grüne oder braune Serpentin, welcher zu Ornamenten, Vasen, Leuch-tern u. dgl. verarbeitet wird. Gelegentlich findet sich auch fasriger Serpentin (Serpentinasbest s. S. 40).

5. Verwendung. Der schön durchsichtige, grüngefärbte Olivin gelangt unter dem Namen Chrysolith als Edelstein aus dem Orient und aus Brasilien in den Handel.

Der Serpentin wird zu allerhand Kunstgegenständen verarbeitet.

c) Das rhombische System ist charakterisiert durch drei ungleiche, aufeinander senkrechte Achsen und drei Symmetrie-ebenen, welche mit den Achsenebenen zusammenfallen.

An Krystallformen (Fig. 29) unterscheidet man

1. solche, deren Flächen alle drei Achsen schneiden, geschlossene Formen, sie heißen Pyramiden;

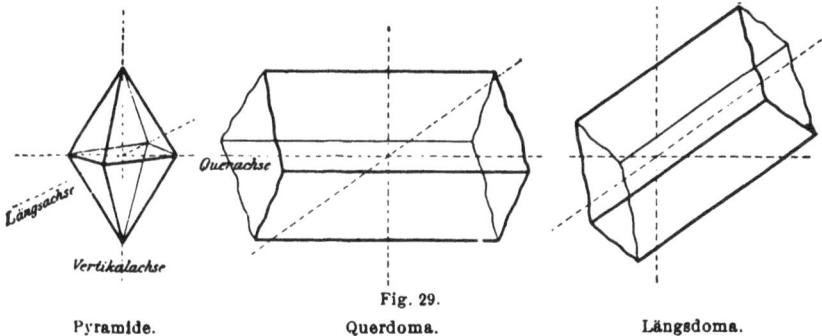

Fig. 29.

Pyramide.   Querdoma.   Längsdoma.

2. solche, deren Flächen zwei Achsen schneiden, der dritten parallel gehen, offene Formen:
   a) vertikal gestellt heißen sie Prismen,
   b) horizontal gelagert, je nach der Achse, der sie parallel gehen, Längsdoma oder Querdoma;
3. solche Flächen, welche nur eine Achse schneiden und den beiden anderen parallel gehen, Endflächen oder Pinakoide:
   a) die Vertikalachse schneidet die Basis,
   b) die horizontale Längsachse wird von der Querfläche und
   c) die horizontale Querachse von der Längsfläche geschnitten.

d) Andere wichtigere rhombische Mineralien.

1. **Baryt oder Schwerspat.** An den Krystallen herrschen die Domen und Endflächen vor (Fig. 30). Sie lassen sich leicht nach dem Prisma spalten. Härte 3. Spez. Gew. 4,3—4,7, also für ein nicht metallisches Mineral auffallend hoch. Das glasglänzende Mineral ist gelegentlich wasserhell, durchsichtig, meist aber trübe bis durchscheinend, und weiß, grau, blau, gelb, rot oder braun gefärbt. Es ist eine Verbindung der Schwefelsäure mit dem Metall Barium (Bariumsulfat). Baryt findet

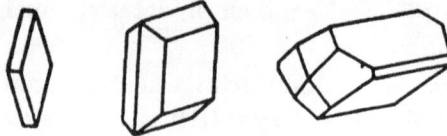

Fig. 30. Baryt.

sich auf Erzlagerstätten (Harz, Thüringen, Erzgebirge, Böhmen, Ungarn, England), auch kommt er in Krystallen und derben Massen in Gängen vor.

Er findet Verwendung als Anstrichfarbe, in der Feuerwerkerei (Bariumverbindungen färben die Flammen grün), in der chemischen Industrie, zur Verfälschung von Mehl.

2. Ihm in jeder Beziehung ähnlich ist der **Coelestin,** das Strontiumsulfat, das zur Herstellung des bengalischen Rotfeuers verwandt wird. Strontiumverbindungen färben die Flammen rot.

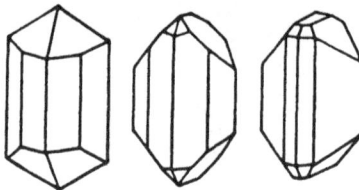

3. Der **Topas.** Die säulenförmigen Krystalle (Fig. 31) sind oben durch Domen und Pyramiden, auch wohl durch die Basis (hiernach sind die Krystalle auch spaltbar) begrenzt. Sie sind durchsichtig bis durchscheinend und farblos oder gelb, rotbraun, grün gefärbt. Härte 8. Spez. Gew. 3,5.

Fig. 31. Topas.

Der Topas findet sich auf Erzlagern und in Klüften von Gesteinen (Vogtland, Ural, Sibirien, Brasilien) und ist ein wichtiger Edelstein.

§ 9. Das monokline System.

a) der Gips.

Die Krystalle (Fig. 32) lassen sich nur durch **eine** Symmetrieebene in zwei spiegelbildartige Hälften teilen. Diese Symmetrieebene stellt man stets von vorne nach hinten gerichtet. Die Krystalle sind also nur rechts und links gleich ausgebildet. Man bezieht die Krystalle in der Weise auf Achsen, daß man eine Vertikalachse von der oberen

zur unteren Spitze legt, eine zweite von der Ecke vorn nach
hinten; diese steht schief zur ersten (Klinoachse[1]); drittens
eine von der Mitte der rechten Seitenfläche zur Mitte der
linken; diese steht auf der Vertikalachse senkrecht
(Orthoachse[2]). Es sind also drei Achsen vorhanden, von denen die eine schief zu den
beiden anderen steht. (Monoklines System[3]).

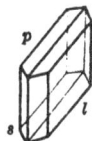

Fig. 32. Gips.

Bezieht man die Flächen des Krystalls auf
die gewählten Achsen, so ergeben sich vier Prismenflächen s, welche der Vertikalachse parallel
gehen, die beiden andern Achsen (ev. in der Verlängerung)
schneiden; ferner rechts und links eine Längsfläche l, welche
der Vertikalachse und der Klinoachse parallel geht, aber die
Orthoachse schneidet, und drittens zwei Flächen oben vorn
und unten hinten, welche vergrößert gedacht alle drei Achsen
schneiden, also Pyramidenflächen p sind. Da die Krystall-
symmetrie nur eine Gleichheit rechts und links,
nicht mehr vorn und hinten erfordert, genügt zur
Aufrechterhaltung der Symmetrieverhältnisse, daß
die Pyramiden nur mit der halben Flächenzahl auftreten, also oben vorn und unten
hinten oder umgekehrt oben hinten und
unten vorn. (Hemipyramiden).

Fig. 33.

Auch beim Gips kommen Zwillingsbildungen vor, welche
nach ihrer Gestalt »Schwalbenschwanzzwillinge« genannt
werden (Fig. 33).

2. Anderweitige Eigenschaften. Die weichen (Härte 2)
Krystalle besitzen, namentlich die größeren, eine gewisse
Biegsamkeit (durch Gebirgsdruck verbogene Krystalle kommen
beim Gips ziemlich häufig vor) und zeigen Glasglanz, auf der
Längsfläche Perlmutterglanz. Sie kommen durchsichtig und
wasserhell vor, aber auch durchscheinend bis undurchsichtig,
grau, gelb, rot, braun und schwarz gefärbt. Das spez. Gewicht
beträgt 2,3.

---

[1] Von griech.: klinein, neigen.
[2] Von griech.: orthos, senkrecht.
[3] Von griech.: monos, einzig und klinein, neigen.

Gips ist eine wasserhaltige Verbindung des Metalls Kalzium mit Schwefelsäure, ein Kalziumsulfat. Es ist in Wasser etwas löslich (ca. 400 Teile Wasser lösen 1 Teil Gips) und gelangt dadurch in die natürlichen Wasserläufe, so daß Süßwasser wie Meerwasser Gips aufgelöst enthält.

Durch die lösende Wirkung des Wassers entstehen im Gipsgestein Hohlräume (Schlotten), welche infolge ihrer allmählichen Vergrößerung schließlich zusammenbrechen und zu erdbebenartigen Erscheinungen (›Einsturzbeben‹) und trichterförmigen Einsenkungen der Erdoberfläche (›Teufelslöchern‹) Anlaß geben (Südrand des Harzes z. B.).

3. Der Gips kommt außer in Krystallen auch in derben körnigen, strahligen bis faserigen (Fasergips) und dichten Massen (wenn weiß, Alabaster genannt) vor, oft gebirgsbildend und als fast steter Begleiter des Steinsalzes: Harz, Lüneburg, Segeberg (Holstein), Paris, Toskana, Sizilien.

4. Verwendung. Durch Erhitzen bei mäßigen Temperaturen verliert der Gips sein Krystallwasser (gebrannter Gips), nimmt dasselbe aber unter Erhärten und Volumenzunahme wieder auf (Gipsabgüsse, Eingipsen). Wird er auf 200⁰ und darüber erhitzt, so nimmt er das Wasser nur noch ganz allmählich wieder an und erhärtet nicht (tot gebrannter Gips). So gebraucht man ihn zu Gipsfiguren und zu Stuckornamenten. Gemahlen dient er als Düngemittel. Aus dem Alabaster (Marmor di Castilina) werden Skulpturarbeiten hergestellt. Der feinfasrige wird zu Perlen und anderen Schmucksachen verwandt.

b) Dem monoklinen System gehören außer dem Augit, der Hornblende, dem Feldspat und dem Glimmer, welche für sich später besprochen werden sollen, noch an:

1. Der Malachit, eine grüne, wasserhaltige Verbindung der Kohlensäure mit Kupfer (ein wasserhaltiges Kupferkarbonat), die in nadelförmigen Krystallen von seidenartigem Glanze vorkommt, auch fasrige, nierenförmige Massen, sowie körnige oder dichte Überzüge bildet. Er entsteht durch Verwitterung aus anderen Kupfererzen und wird zu kleineren Schmuck- und Kunstgegenständen verarbeitet.

2. Ebenfalls als Verwitterungsprodukt von Kupfererzen findet sich die Kupferlasur oder Azurit als wasserhaltiges Kupferkarbonat von etwas anderer Zusammensetzung in kleinen, dunkelblauen Krystallen, auch in strahligen, dichten und erdigen Massen.

§ 10. Das trikline System.

Kupfervitriol.

a) Krystallform. Die Krystalle (Fig. 34) werden von einzelnen Flächenpaaren derart begrenzt, daß sie durch keine Symmetrieebene mehr zerlegt werden können. Sie zeigen also die geringste Symmetrie.

Solche Krystalle faßt man zum triklinen[1]) System zusammen und führt sie auf drei ungleiche Achsen zurück, welche alle schief zu einander stehen.

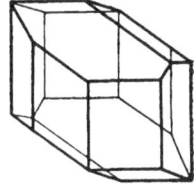

b) Weitere Eigenschaften. Der Kupfervitriol kommt infolge seiner Wasserlöslichkeit in der Natur selten in blauen glasglänzenden Krystallen, meist in fasrigen, nierenförmigen oder tropfsteinartigen Massen vor.

Fig. 34. Kupfervitriol.

Er findet sich auch im Grubenwasser, aus welchem sich durch Eisen metallisches Kupfer ausscheidet. (Versuch!).

Seiner Zusammensetzung nach ist er Kupfersulfat (schwefelsaures Kupfer) mit Krystallwasser. Beim Erhitzen verliert er das Krystallwasser und wird weiß, nimmt es aber unter Blaufärbung sehr energisch wieder auf.

c) Verwendung findet er in der Färberei und Druckerei sowie in Galvanisierungsanstalten.

§ 11. Der Quarz und seine Verwandten.

a) Krystallform. Die Krystalle bestehen gewöhnlich aus einer sechsseitigen Säule, welche an den Enden durch eine sechsseitige Pyramide begrenzt ist, oder bloß aus einer sechsseitigen Pyramide (Fig. 35).

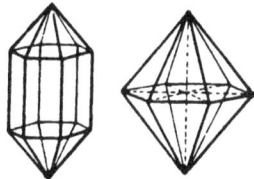

Fig. 35. Quarz.

Von selbst gegeben ist die Vertikalachse (Hauptachse), welche die beiden Spitzen miteinander verbindet. Dazu senkrecht wählt man drei hori-

---

[1]) Griech. = dreifach geneigt.

zontale Nebenachsen, welche durch die gegenüberliegenden Ecken der Doppelpyramide bzw. durch die Kantenmitten
des Prismas gehen und sich unter 60° schneiden.

Als Symmetrieebenen ergeben sich eine horizontale Hauptsymmetrieebene und sechs vertikale Nebensymmetrieebenen,
welche teils durch die Endkanten, teils durch die Mittelpunkte
der Seitenkanten und die Spitze der Pyramide hindurchgehen,
also im ganzen sieben Symmetrieebenen.

Gelegentlich kommen Krystalle mit kleinen Flächen
(*d* und *x*) vor, welche einzeln an den abwechselnden
Prismenkanten, anstatt zu zweien an jeder Kante (im
ganzen also 24 Flächen) erscheinen. Es ist also diese
Krystallform nur mit einem Viertel der Flächenzahl aus-
gebildet, woraus hervorgeht, daß der Quarz eigentlich ein
Viertelflächner oder tetartoëdrischer Körper ist
(Fig. 36).

Fig. 36.

b) Anderweitige Eigenschaften. Das glasglänzende
Mineral — Kieselsäureanhydrid — hat die Härte 7, das spez.
Gew. 2,5 und einen muschligen Bruch. Die Farbe ist sehr
verschieden, ebenso der Grad der Durchsichtigkeit.

Man unterscheidet viele Varietäten:

1. Bergkrystall, klar, wasserhell, bis zentnerschwere
Krystalle in den »Krystallkellern« (Gesteinshohlräumen) der
Alpen, Marmorosch in Ungarn.

2. Rauchquarz (Rauchtopas) braun und durchsichtig,
ebenfalls in großen Exemplaren in den »Krystallkellern« ge-
funden, auch im Striegauer Granit u. a.

3. Morion, schwarz und durchsichtig.

4. Citrin, gelb und durchsichtig.

5. Amethyst, violett und durchsichtig.

6. Gemeiner Quarz, durchscheinend bis undurchsichtig.
Nach der Farbe benennt man hier besonders den rosenroten
Rosenquarz, den milchigweißen Milchquarz, durch Eisen-
gehalt rot oder braun gefärbten Eisenkiesel, von feinen
Nadeln durchzogenen und infolgedessen schillernden Katzen-
und Tigerauge.

Dichter Quarz wird Hornstein genannt und ist oft das Versteinerungsmaterial von Holz (verkieselte Baumstämme). Unter Jaspis versteht man durch Eisenverbindungen rot oder braun gefärbten oft gebänderten dichten Quarz.

Ebenfalls fein krystallinisch ist der Chalzedon, gleichfalls Kieselsäureanhydrid, von milchigem, mattem Aussehen und mannigfacher Färbung.

Man nennt rotweiß gefärbte Sardonyx, schwarzweiße Onyx, fleischrote Carneol, dunkelgrüne Plasma, dunkelgrüne mit roten Flecken Heliotrop, hellgrüne Chrysopras; Chalzedone mit baum- oder moosartig verzweigten Hohlräumen, die durch Eisen- oder Manganverbindungen ausgefüllt sind (sog. Dendriten), heißen Mokkasteine. Hierher gehört auch der Feuerstein, welcher gelbe, graue oder schwarze Knollen mit muschligem Bruch bildet und in der Kreide in großen Mengen vorkommt, oft Versteinerungen bildend oder enthaltend.

Vollständig unkrystallisiert, amorph, ist der Opal, wasserhaltiges Kieselsäureanhydrid.

Reiner, glasartiger, durchsichtiger Opal heißt Hyalit. Edelopal ist bläulich- oder gelblich-weiß mit buntem Farbenspiel, Feueropal ist rot gefärbt.

Auch die Kieselguhr, aus Schalen niederer Organismen bestehend, (daher auch Diatomeenerde genannt) ist wasserhaltiges Kieselsäureanhydrid wie der Opal.

Unter Achat versteht man lagenweise Gemenge von (oft verschieden gefärbten) Chalzedon, Opal, Jaspis und Amethyst. Er zeigt mannigfache Zeichnungen, doch sind die Farben meist künstlich verstärkt oder erzeugt. Die Entstehung erklärt man sich dadurch, daß durch eine Öffnung (Infiltrationsöffnung, die noch manchmal zu sehen ist) kieselsäurehaltiges Wasser in den Gesteinshohlraum eindrang und dessen Wände schichtenweise überkleidete. Oft ist der Hohlraum ganz ausgefüllt, in anderen Fällen nicht, dann ist die innerste Wand von Amethystkrystallen u. a. ausgekleidet.

Verwendung. Quarz ist ein wichtiges Material für die Glasfabrikation, die durchsichtigen und schöngefärbten Varietäten werden als Edelsteine und Schmucksteine geringeren Wertes benützt.

§ 12. Das hexagonale System.

1. Das System.

Die dem hexagonalen System angehörenden voll-
flächigen Krystalle sind durch sieben Symmetrieebenen,
eine horizontale Hauptsymmetrieebene und sechs sich unter
60° schneidende vertikal stehende Nebensymmetrieebenen
ausgezeichnet und lassen sich auf vier Achsen, eine Vertikalachse und drei sich unter 60° schneidende Nebenachsen zurückführen.

Als Krystallformen kommen vor:

1. die dihexagonale Pyramide mit 24 dreieckigen
Seitenflächen (Fig. 37),

2. die hexagonale Pyramide mit 12 Seitenflächen
(Fig. 38),

3. das dihexonale Prisma mit 12 Seitenflächen,

4. das hexagonale Prisma mit 6 Seitenflächen,

5. die Basis,

welche in mannigfacher Kombination miteinander verbunden
vorkommen.

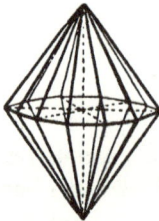

Fig. 37.		Fig 38.	
Dihexagonale Pyramide	Dihexagonales Prisma mit Basis	Hexagonale Pyramide	Hexagonales Prisma mit Basis

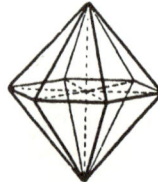

2. Weitere wichtige hexagonal krystallisierende Mineralien.

1. Der **Beryll** kommt in sechsseitigen Prismen mit Basis (Fig. 38
rechts) vor, entweder trübe, grünlichweiß gefärbt (gemeiner Beryll) oder
blaugrün und durchsichtig (Smaragd) oder meergrün und durchsichtig
(Aquamarin), letztere beide sehr geschätzte Edelsteine.

2. Der **Apatit** kommt gewöhnlich ebenfalls in hexagonalen
Prismen mit Basis vor (flächenreichere Krystalle lassen erkennen, daß der Apatit zu den Halbflächnern oder hemiedrisch

krystallisierenden Körpern gehört). Er ist ein weit verbrei-
teter mikroskopischer Bestandteil der meisten Gesteine und
gelangt durch deren Verwitterung in den Ackerboden, in
welchem er wegen seines Gehaltes an phosphorsaurem Kalzium
einen wichtigen Nährstoff der Pflanzenwelt bildet. Auch in
derben Massen kommt Apatit vor (sog. Phosphorit). Er wird
zu Düngemitteln verarbeitet.

3. Der **Graphit,** wie der Diamant reiner Kohlenstoff,
kommt in bleigrauen, weichen (Härte 1) abfärbenden, hexagonalen Blättchen, in schuppigen und körnigen, sowie dichten
Massen vor. Er findet sich in den ältesten Gesteinsschichten
eingelagert und wird hauptsächlich in Sibirien, Ceylon, Nordamerika, auch in Böhmen, ferner in der Gegend von Passau
und anderen Orten gewonnen. Man benutzt ihn hauptsächlich zur Herstellung von Bleistiften.

§ 13. Die rhomboedrische Hemiedrie des hexagonalen Systems.

1. Kalkspat.

a) Krystallformen. 1. Die Krystalle sind von sechs
Rhomben begrenzt, welche sich unter spitzen bzw. stumpfen
Winkeln schneiden, so daß die oberen drei Flächen gegen die
unteren um 60° verdreht erschei-
nen. Man nennt diese Krystallform
Rhomboeder (Fig. 39).

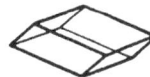

2. Die Krystallform wird von
sechs stumpfwinkligen Dreiecken
oben und ebensovielen unten begrenzt, welche so angeordnet sind,
daß die Mittelkanten zickzackförmig
auf- und absteigen (Fig. 40). Man
nennt diese Krystallformen Skalenoeder.

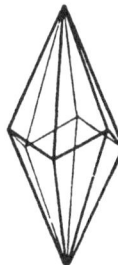

Fig. 39.
Rhomboeder.

Fig. 40.
Skalenoeder.

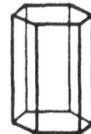

Fig. 41.

3. Der Krystall besteht aus einem sechsseitigen Prisma,
welches oben und unten durch die Basis abgeschlossen wird
(Fig. 41).

4. Der Krystall zeigt außer dem sechsseitigen Prisma p auch drei Flächen oben und um 60^0 verdreht unten drei gleiche Flächen r, also offenbar nach 1. ein Rhomboeder (Fig. 42).

5. Der Krystall zeigt die Kombination eines Prismas mit dem Skalenoeder (Fig. 43).

6. Am Krystall erkennen wir leicht das Prisma p, Skalenoeder s und Rhomboeder r (Fig. 44).

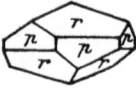

Fig. 42.	Fig. 43.	Fig. 44.
Rhomboeder und Prisma.	Skalenoeder und ein Prisma.	Skalenoeder mit Prisma und Rhomboeder.

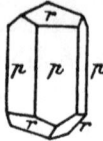

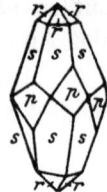

An dem Auftreten des sechsseitigen Prismas ist leicht zu erkennen, daß der Kalkspat seiner Krystallform nach zu den hexagonal krystallisierenden Körpern gehört. Auffallenderweise fehlen aber unter den pyramidalen Formen die sechs- und zwölfseitigen Doppelpyramiden. An ihrer Stelle erscheinen dreiflächige oder sechsflächige doppelpyramidenähnliche Körper, deren obere Hälften gegen die unteren um 60^0 verdreht sind. Es handelt sich offenbar um Halbflächigkeit.

Diese sog. rhomboedrische Halbflächigkeit (Hemiedrie) kommt dadurch zustande, daß abwechselnd oben und unten ein Flächenpaar bei der zwölfseitigen Doppelpyramide, eine Fläche bei der sechsseitigen unterdrückt wird nach folgendem Schema, welches eine abgewickelte Doppelpyramide darstelle:

1	2	3	4	5	6	7	8	9	10	11	12
1	2	3	4	5	6	7	8	9	10	11	12

Fallen in Fig. 45 in der zwölfseitigen dihexagonalen Pyramide die im Schema durchstrichenen Flächen fort, während sich die bleibenden ausdehnen, so entsteht das links gezeichnete Skalenoeder, im anderen Falle das rechts gezeichnete.

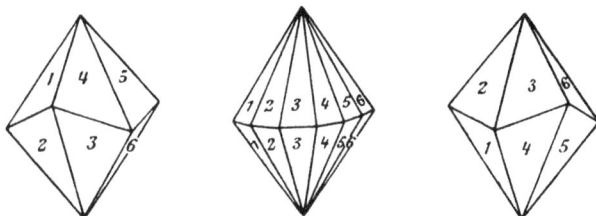

Fig. 45.

Ähnlich erhält man aus der sechsseitigen hexagonalen Pyramide nach dem Schema, das eine abgewickelte hexagonale Pyramide versinnbildlichen soll:

1	2	3	4	5	6
7	8	9	10	11	12

zwei Rhomboeder (Fig. 46).

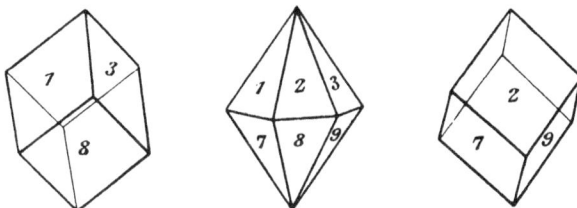

Fig. 46.

Durch diese Hemiedrie geht die horizontale Symmetrieebene (Ebene der horizontalen Nebenachsen) verloren, die Krystalle sind also nicht mehr oben = unten. Es bleiben nur die sechs vertikalen Symmetrieebenen bestehen.

b) Anderweitige Eigenschaften.

Versuch: Wir übergießen in einem engen Gefäß ein paar Stückchen Kalkspat (oder Kalkstein) mit einer Säure (etwa Salzsäure oder Essigsäure). Die Masse braust lebhaft auf. Wir halten in das Gefäß nach einiger Zeit einen brennenden Span, er erlischt sofort.

Das Aufbrausen rührt von gasförmiger Kohlensäure her, die durch den Säurezusatz freigemacht wurde, und ist ein sicheres Erkennungsmerkmal des Kalks.

Der Kalkspat ist eine chemische Verbindung der Kohlen-säure mit dem Metall Kalzium (ein Kalziumkarbonat).

In reinem Zustande ist er wasserhell und durchsichtig, zeigt Glasglanz, welcher in Fettglanz und Perlmutterglanz übergeht. Meistens ist er aber verunreinigt und trübe bis undurchsichtig und grau, blau, grün, gelb, rot, braun, auch schwarz gefärbt. Die Härte beträgt 3, die Krystalle sind ausgezeichnet nach dem Rhomboeder spaltbar (Erkennungsmerkmal); das spez. Gew. bewegt sich zwischen 2,6 bis 2,8.

Fig. 47a. Doppelbrechung.

Klare, durchsichtige Stücke zeigen ausgezeichnete Doppelbrechung des Lichtes (Fig. 47). Jeder in den Krystall eintretende Lichtstrahl wird in zwei Strahlen gebrochen.

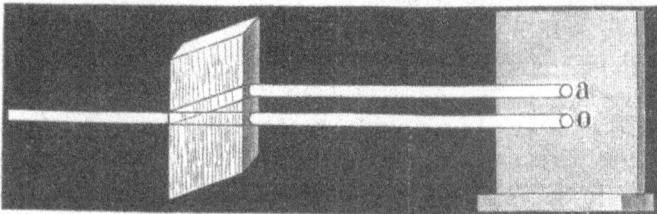

Fig. 47b. Erscheinung der Doppelbrechung.

c) Vorkommen. Ebenso mannigfach wie die Krystall-formen des Kalkspats ist auch sein Vorkommen. Er findet sich in wohlausgebildeten Krystallen, aber auch derb und zuckerkörnig als Marmor, in rundlichen Körnern durch kalkiges Bindemittel verkittet (Rogenstein oder Oolith), oder dicht als Kalkstein.

Er ist in Wasser, namentlich in dem stets kohlensäure-haltigen natürlichen Wasser löslich und wird aus diesem entweder durch die Tiere (Schnecken, Muscheln, Krebse, Korallen, Seeigel, Seesterne, Foraminiferen usw.) abgeschieden, welche ihn zum Aufbau ihrer Schalen verwenden, oder nach Entweichen der Kohlensäure beim längeren Stehen des Wassers

(Kalktuff) oder beim Erhitzen zum Sieden (Kesselstein!) abgesetzt.

Die Schalen der abgestorbenen Organismen häufen sich oft in dem abgesetzten Kalkschlamm so an, daß er fast nur aus solchen Tierresten zu bestehen scheint. Nach der Verfestigung erscheint die Masse dann als ein aus Muscheln und anderen Schalen bestehendes Gestein, Muschelkalk. Auch die Kreide besteht aus solchen allerdings mikroskopisch kleinen Kalkschalen niederer Tiere (Foraminiferen).

Durch die lösende Tätigkeit des Wassers entstehen auch im Kalkgebirge, wie beim Gips, Hohlräume, Höhlen, an deren Decke das kalkbeladene Wasser sich in Tropfen ansammelt. Während der Tropfen dort hängt, verliert er etwas Kohlensäure, setzt also eine Spur Kalk ab. Unten an der Stelle, wo er aufschlägt, geschieht das gleiche. So wächst von oben her ein Kalkzapfen (Stalaktit) und von unten her ein zweiter (Stalagmit) sich allmählich entgegen, bis sie sich schließlich im Laufe von Jahrtausenden zu einer Säule vereinigen. Man nennt alle solche Gebilde Tropfsteine.

Durch die Tätigkeit des Wassers wird die Höhle nach und nach größer. Auch hier tritt schließlich ein Einsturz mit seinen Begleiterscheinungen: Einsturzbeben und Erdfällen ein, wie wir es beim Gips kennen gelernt haben (z. B. im Karst).

Da Wasser Kalk löst, sind Kalkgebirge im allgemeinen wasserarm, weil das Wasser schnell in die Tiefe sinkt und Höhlenflüsse bildet (z. B. Karst).

d) Verwendung. Manche Kalke sind ganz gleichmäßig dicht und finden als lithographischer Schiefer Verwendung. Die wichtigste Verwendung findet der Kalk als Mörtel. Zu diesem Zwecke treibt man durch Brennen die Kohlensäure aus (»gebrannter Kalk«) und mischt die Masse mit Wasser (»Kalk löschen«!) und Sand zu einem Brei (Mörtel). An der Luft nimmt der Kalk wieder Kohlensäure auf und erhärtet.

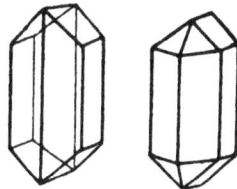

Fig. 48. Aragonit.

Anmerkung. Das Kalziumkarbonat kann noch in einer ganz anderen Krystallform, in rhombischen Säulen mit Längsfläche und Basis oder Pyramiden krystallisieren (Fig. 48) und heißt dann Aragonit. Die Eigenschaft mancher Stoffe in mehreren voneinander unabhängigen Krystallformen zu krystallisieren nennt man Dimorphismus; das Kalziumkarbonat ist dimorph.

2. Andere wichtigere hierher gehörende Mineralien.

a) Dolomit krystallisiert ebenfalls wie der Kalkspat in Rhomboedern und ist ein Kalzium-Magnesiumkarbonat. Hauptsächlich kommt er in derber oder dichter Form gebirgsbildend vor, z. B. in den Dolomiten der Südalpen. Er braust erst mit heißer Salzsäure auf.

b) Der Eisenspat oder Spateisenstein. Eisenkarbonat findet sich teils als Rhomboeder, teils in derben Massen auf Erzgängen und -lagern, oft in gewaltigen Mengen (Erzberg in Kärnten, Lobenstein in Thüringen, Müsen in Westphalen u. a.) und wird als wichtiges Eisenerz bergmännisch abgebaut. Frisch farblos, färbt er sich durch Sauerstoffaufnahme an feuchter Luft rasch gelb, dann braun und geht allmählich in Braun-eisenerz (wasserhaltige Verbindung des Eisens mit Sauerstoff = wasserhaltiges Eisenoxyd) über. Da auch er in kohlensäure haltigem Wasser löslich ist, gelangt er in Quellen (Stahlwässer) und von diesen in Wasserläufe und Seen. Hier geht er ebenfalls allmählich in Brauneisenerz über, welches sich als Rasen-eisenerz, Sumpferz oder See-Erz in Form von braunen Massen absetzt.

c) Der Eisenglanz (Haematit), die Verbindung des Eisens mit Sauerstoff, also Eisenoxyd, findet sich entweder in rhomboe-drischen, oft recht komplizierten Krystallen oder in derben Massen; letztere erscheinen oft fasrig mit nierenförmiger Ober-fläche (roter Glaskopf, Blutstein), oder derb, körnig, schuppig, auch dicht (Roteisenstein) oder dünnschalig und feinschuppig (Eisenglimmer), auch wohl ganz fein verteilt und pulverig (Rötel). Alle Varietäten zeichnen sich durch einen kirsch-roten Strich aus. Er gehört zu den wichtigsten und gesuch-testen Eisenerzen. (Harz, Rheinland. Westfalen, Thüringen, Böhmen, England, Elba u. a.).

d) Korund. Auch der Korund, das Aluminiumoxyd (Tonerde), krystallisiert in Rhomboedern in Kombination mit dem Prisma und findet sich außer in Krystallen auch in feinkörnigen Massen (Schmirgel) von großer Härte (9). Durchsichtige blaue (Saphir) und rote Korunde (Rubin) kommen in den Edelsteinseifen Indiens, Ceylon u. a. Orten vor und sind sehr geschätzte Edelsteine.

§ 14. Die Feldspatgruppe.

1. Chemische Zusammensetzung. Die hierher gehörigen Mineralien besitzen, so verschiedenartig sie auch sind, eine analoge chemische Zusammensetzung: Aluminiumsilikat in Verbindung mit Alkali-(Kalium- oder Natrium)silikat oder Kalziumsilikat oder Kalzium-Natriumsilikat. Man unterscheidet danach:

Kaliumfeldspat

Natriumfeldspat

Kalziumfeldspat (Kalkfeldspat)

Kalzium-Natriumfeldspat (Kalknatronfeldspat)

2. Krystallform. Auch in dieser Hinsicht zeigen die verschiedenen Feldspate so große Ähnlichkeit, daß die Krystalle der einzelnen Arten nur wenig von einander unterschieden sind. Man nennt die Erscheinung, daß chemisch analog zusammengesetzte Körper auch in ähnlichen Krystallformen krystallisieren, Isomorphismus (= Gleichgestaltigkeit). Die Feldspate sind also isomorphe Mineralien.

Die Krystalle sind stets begrenzt von einem Prisma p, der Basis B und der Längsfläche L, dazu tritt das Querdoma q und auch das Längsdoma l (Fig. 49). Nach den Symmetrieverhältnissen erscheinen die Krystalle auf den ersten Anblick hin monoklin, da sie nur eine Symmetrieebene haben. Das trifft auch für manche Feldspate zu.

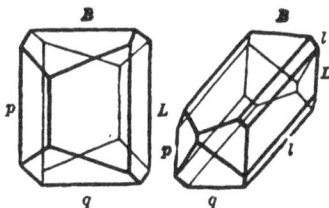

Fig. 49. Feldspat.

Aber bei anderen bilden die Basis B und die Längsfläche L nicht, wie sie sollten, einen rechten Winkel, sondern einen, wenn auch sehr wenig vom rechten abweichenden, stumpfen Winkel,

es fällt also auch die Symmetrieebene fort. Mithin sind diese
Krystalle triklin, aber mit großer Annäherung an das mono-
kline System.

Die Spaltbarkeit des die Härte 6 besitzenden Minerals
verläuft nach den Flächen Basis B und Längsfläche L. Beide
Spaltflächen stehen also bei den monoklinen Feldspaten auf
einander senkrecht (Orthoklase, = senkrechtspaltende), bei
den triklinen sind sie schwach gegeneinander geneigt
(Plagioklase = schiefspaltend).

Zwillingsbildungen sind namentlich bei den Plagioklasen
häufig, welche auf der Basis die für sie charakteristische
»Zwillingsstreifung« infolge vielfach wiederholter Zwillings-
bildung zeigen (Fig. 50).

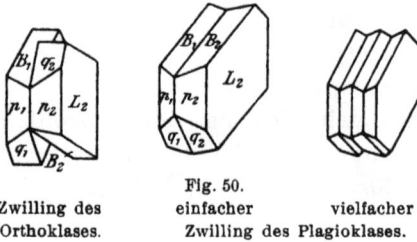

Fig. 50.

Zwilling des   einfacher   vielfacher
Orthoklases.   Zwilling des Plagioklases.

3. Abarten des Feldspates. So kann man nach che-
mischer Zusammensetzung und Krystallsystem die Feldspate
einteilen in:

1. Monoklinen Kaliumfeldspat, Orthoklas,

2. Trikline Plagioklase, von denen die Kalknatron-
feldspate die wichtigsten sind.

Der Orthoklas, der Hauptbestandteil der Gesteine Granit,
Syenit, Quarzporphyr und Gneis, ist durch seinen Kalium-
gehalt für das Pflanzenwachstum von der allergrößten Be-
deutung. Er ist rötlichweiß bis ziegelrot gefärbt, trübe und
undurchsichtig, zeigt Glasglanz und kommt meist in unregelmäßig begrenzten Körnern verschiedenster Größe vor. Zuweilen
finden sich auf Gesteinshohlräumen durchsichtige Krystalle,
welche als Adular bezeichnet werden. Zeigt dieser im ein-
fallenden Lichte einen weißen wogenden Lichtschein, so findet
er als Mondstein in der Schmuckindustrie Verwendung.

In jüngeren vulkanischen Laven kommt der Orthoklas in Gestalt rissiger durchsichtiger Krystalle und Körner vor und heißt Sanidin.

Von den an der Zwillingsstreifung leicht erkennbaren Plagioklasen sind als Gesteinsgemengteile wichtig der Oligoklas, welcher in weißen Körnern gelegentlich im Granit und Gneis sowie Quarzporphyr vorkommt, und der Labradorit, der in quarzfreien Gesteinen, wie Diorit, Diabas, Gabbro, Basalt auftritt. Labradorit zeigt häufig prachtvollen bläulichen Farbenschiller und wird dann zu Ringsteinen und Ornamenten verschliffen.

4. Verwitterung. Durch das im Boden befindliche Wasser wird aus der Feldspatsubstanz allmählich das Alkalisilikat aufgelöst und fortgeführt, um den Pflanzen als Nährstoff zu dienen. An Stelle des Feldspats bleibt schließlich eine weiße pulvrige Substanz zurück, wasserhaltiges Aluminiumsilikat, Kaolin oder Porzellanerde. Diese wird in reinem Zustande von den Porzellanfabriken zu Porzellangegenständen verarbeitet. Solche Kaolinlager finden sich bei Karlsbad, bei Altenburg und Halle, Meißen, auf Bornholm u. a.

Man mischt den Kaolin, der an sich feuerfest ist, mit vollkommen eisenfreiem Feldspatpulver, formt die angefeuchtete Mischung auf der Töpferscheibe oder in Formen und erhitzt sie in Öfen auf etwa 1700°. Dadurch wird die Masse von dem schmelzenden Feldspat völlig durchdrungen und wird glasig und durchscheinend.

Meistens wird aber der entstandene Kaolin vom Wasser fortgeschleppt und an anderer Stelle mit anderen Stoffen gemengt als Ton abgesetzt; durch noch stärkere Verunreinigung entsteht Lehm.

§ 15. Die Augit-Hornblendegruppe.

Die Mineralien dieser Gruppe haben analoge Zusammensetzung, es sind Magnesium- und Kalziumsilikate, meist verbunden mit einem Aluminiumsilikat und sind dimorph. Ihre Krystalle zeigen entweder ein Prisma, dessen Flächen ca. 87⁰ miteinander bilden (Augit- oder Pyroxenreihe, Fig. 51) oder ein Prisma, dessen Flächen sich unter 124⁰ schneiden (Hornblende- oder Amphibolreihe, Fig. 52).

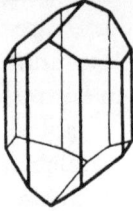

Fig. 51. Augit.

Nach diesen Prismenflächen spalten die Krystalle in ausgezeichneter Weise.

Nun gehören die Krystalle sowohl der Augitreihe wie der Hornblendereihe entweder dem rhombischen oder dem monoklinen oder dem triklinen System an, von welchen die wichtigsten die monoklinen Glieder sind. Die Härte der Mineralien schwankt zwischen 4 und 6, das spez. Gew. zwischen 3,0 und 3,3.

Der Augit kommt in schwarzen Krystallen oder Körnern als Gemengteil vulkanischer Gesteine (Melaphyr, Diabas, Basalt) vor oder wird in Krystallen gelegentlich bei Eruptionen mit der Asche ausgeworfen.

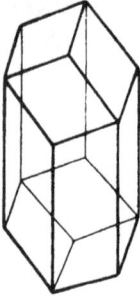

Fig. 52.
Hornblende.

Die gemeine Hornblende findet sich als grüner oder brauner Gesteinsgemengteil in älteren Gesteinen, während die schwarze, stark glänzende, basaltische Hornblende in jüngeren vulkanischen Gesteinen auftritt.

Auch findet sich Hornblende in langen, glasglänzenden grünen, nadelförmigen Säulen als Strahlstein in manchen Schiefergesteinen.

Zu erwähnen ist schließlich noch der fasrige Asbest, welcher entweder Hornblende- oder Serpentinasbest ist. Er dient wegen seiner großen Widerstandsfähigkeit gegen Hitze (bis 1500⁰) zur Herstellung feuerfester Gegenstände. Er findet sich in feinfasrigen, seidenglänzenden, grünlichen oder grauen Massen auf Gängen. (Kanada.)

§ 16. Die Glimmergruppe.

Unter Glimmer versteht man eine isomorphe Gruppe von Mineralien des monoklinen Systems, welche sich durch eine vorzügliche Spaltbarkeit nach der Basis auszeichnen

und auf der Spaltfläche metallischen Glanz aufweisen. Die
Härte schwankt zwischen 2 und 3, das spez. Gew. zwischen
2,7 und 3,2.

Man unterscheidet nach der chemischen Zusammensetzung
den grünen, braunen bis schwarzen Magnesiaglimmer oder
Biotit, ein Magnesiumeisensilikat. Er findet sich in Eruptivgesteinen und Schiefern. Bei der Verwitterung bleicht er aus,
wird gelb und wird von Unkundigen oft für Gold (»Katzen-
gold«) gehalten.

Eine zweite Art ist hell, silberartig (»Katzensilber«)
gefärbt und heißt Kaliumglimmer oder Muskovit. Er
bildet einen wesentlichen Bestandteil von Granit, Gneis und
Glimmerschiefer. Manchmal (Ural, Kanada u. a.) findet er
sich in großen Tafeln, so daß er zu Fensterscheiben benützt
werden kann. Wegen seiner Widerstandsfähigkeit gegen die
Hitze verwendet man solche Glimmerplatten als Verschluß
von Öfen (um die Feuerung kontrollieren zu können) und als
nicht zerspringende Zylinder bei Lampen.

B. Gesteine.

Gesteine sind Körper, welche einen wesentlichen Bestandteil unserer Erde bilden und massige oder lockere Anhäufungen von bestimmten Mineralien, welche gewöhnlich verschiedenen, seltener nur einer Art angehören, darstellen.

1. Die in Bergwerken und in Tiefbohrungen allerorts festgestellte Z u n a h m e   d e r   E i g e n w ä r m e   d e r   E r d e (mit je rund 30 m Tiefenzunahme ist eine Wärmezunahme von 1⁰ C verbunden) führt zu dem Schlusse, daß das Erdinnere sich in glühendheißem Zustande befinden muß. Diese glühenden Massen des Erdinnern suchen die abgekühlten Schichten der Erdkruste zu durchbrechen (v u l k a n i s c h e   E r u p t i o n e n) und breiten sich als L a v a auf der Erdoberfläche aus. Aber nicht selten bleibt ein solcher Lavaerguß im Innern der Schichten stecken und erreicht die Oberfläche nicht, muß vielmehr in der Tiefe allmählich erstarren. Solche aus d e m   E r d i n n e r n   s t a m m e n d e n   G e s t e i n e   n e n n e n   w i r   E r u p t i v g e s t e i n e.

Diese glühenden Massen des Erdinnern (M a g m a) sind mit Gasen (Wasserdampf, Wasserstoff, Chlorwasserstoff, schweflige Säure, Kohlensäure usw.) gesättigt. Treten die Massen an die Erdoberfläche als L a v a e r g u ß, so verlieren sie unter Aufblähen und Aufspratzen ihren Gasgehalt, werden verhältnismäßig schnell abgekühlt und erstarren als ein g l a s i g e s oder d i c h t e s   G e s t e i n, in welchem schon vorher gebildete Krystalle als E i n s p r e n g l i n g e eingebettet liegen. Man nennt solche Eruptivgesteinsvorkommen E r g u ß - oder v u l - k a n i s c h e   G e s t e i n e.

Die in der Tiefe unter hohem Druck ganz allmählich erkaltenden und festwerdenden Gesteinsmassen haben reichlich Zeit, alle ihre Bestandteile auskrystallisieren zu lassen, sie erstarren zu gleichmäßig körnigen Gesteinskörpern. Man nennt solche gleichmäßig körnig erstarrten Eruptivgesteine daher Tiefen- oder plutonische Gesteine.

2. Mineralien und Gesteine sind veränderliche Naturgegenstände, sie sind dem Einflusse von Wind und Wetter (Verwitterung) unterworfen. Ursprünglich Felsen, werden sie durch die Einwirkung des Wassers, der Kälte und Hitze, auch durch den Pflanzenwuchs allmählich zerstört, zerfallen zu Schutt, Sand u. dgl. und werden nun vom Wind und Wasser fortgetragen und an anderen Stellen in parallelen Lagen und Schichten abgesetzt und unter günstigen Umständen wieder verfestigt (Absatz- oder Sedimentgesteine).

3. Gewisse Gesteinsvorkommen zeigen gleichzeitig die körnige Ausbildung der Tiefengesteine und die lagen- und schichtenförmige Anordnung ihrer Bestandteile. Man bezeichnet sie als krystalline Schiefer.

4. Man unterscheidet also:

a) Eruptivgesteine, welche als schmelzflüssige Masse aus der Tiefe heraufdrangen und dann entweder im Innern der Erdrinde (Tiefengesteine) oder an der Erdoberfläche (Ergußgesteine) erstarrten,

b) Sedimentärgesteine (geschichtete Gesteine), welche aus schon vorhandenen Gesteinsmassen durch Zerstörung hervorgehen und sich aus Wasser oder Luft abgesetzt haben,

c) Krystalline Schiefer.

I. Eruptivgesteine.

§ 1. Tiefengesteine.

1. Granit ist ein weit verbreitetes, aus Feldspat (vorwaltend Orthoklas), Quarz und Glimmer bestehendes Gestein. Der Quarz bildet rundliche Körner von grauer Farbe und glasähnlichem Aussehen, während der

Feldspat als rötliche oder weißgefärbte, trübe, undurchsichtige Körner erscheint. Daneben finden sich entweder weiße Schuppen von Kaliglimmer oder dunkle Magnesiaglimmerblättchen.

Außer diesen Hauptgemengteilen kann das Gestein noch gelegentlich Hornblende, Apatit, Zirkon, Pyrit, Magneteisenerz und andere Mineralien enthalten.

Der Granit bildet große, weitausgedehnte Gebirgsmassen oder Stöcke, Lager und Gänge. So finden wir ihn in den Alpen, im Riesengebirge, im Fichtelgebirge, im Böhmerwald, im Erzgebirge, im Schwarzwald, in den Vogesen, im Harz usw. Er erscheint bald sehr grobkörnig (Pegmatit, oft mit regelmäßigen Verwachsungen zwischen Feldspat und Quarz, Schriftgranit genannt), bald mittel- und feinkörnig.

Die Verwitterung setzt an den oberflächlichen Teilen zunächst durch bräunliche Verfärbung und Auflockerung ein. Es bilden sich Klüfte, durch welche das Gestein in wollsackartige Quadern zerfällt. Die Gipfel mancher Berge sind oft mit solchen Blöcken wie übersät (Felsenmeere).

Als letzten Rückstand bildet die Verwitterung aus dem Granit einen lehmigen Boden. Granit wird als Straßenmaterial und als Baumaterial verwandt.

2. Syenit besteht aus Feldspat (Orthoklas und daneben Plagioklas) und Hornblende, auch wohl Augit und Biotit. Dazu tritt häufig als Nebengemengteil Apatit, Magneteisenerz u. a. Vorkommen und Verwendung ist ebenso wie beim Granit. Man findet ihn bei Meißen und Dresden, in Thüringen, Schwarzwald u. a.

3. Diorit hat als wesentliche Bestandteile: Plagioklas und Hornblende, zu denen noch Glimmer, Augit, Apatit hinzutreten können. Er bildet Stöcke und Gänge. (Thüringen, Kyffhäuser, Odenwald, Vogesen, Erzgebirge u. a.).

4. Gabbro ist ein Gemenge aus Plagioklas und einem fast metallisch glänzenden Augit (Diallag). Dazu kommen zuweilen Olivin, Magnetit und andere Mineralien. Gabbrofundstellen sind das Radautal bei Harzburg (Harz), Zobtengebirge u. a.

§ 2. Ergußgesteine.

Ergußgesteine sind also aus dem Erdinnern heraufgedrungene geschmolzene Massen, welche sich als Lavadecken oder Ströme auf der Erdoberfläche ausbreiten und erstarren.

Ist die Lava sehr gasreich, so bilden sich schaumige Massen, welche als Bimsstein bezeichnet werden. Erstarrt die Lava sehr rasch, so bildet sie eine glasartige Masse, Obsidian. Je nach der Zusammensetzung unterscheidet man:

1. Der Quarzporphyr oder Porphyr enthält in einer für das bloße Auge dichten rötlichen oder bräunlichen Grundmasse eingelagert als Einsprenglinge: Orthoklas und Quarz, wozu noch Plagioklas, Glimmer, Hornblende, Augit, Magneteisenerz usw. treten können. Er zeigt also dieselbe Zusammensetzung wie der Granit. Porphyr findet sich am Südrande des Harzes, bei Halle (Saale), im Erzgebirge, Thüringerwald, Odenwald, Schlesien.

Er findet Verwendung als Pflaster- und Bau-Material; auch zu Ornamenten wird er gebraucht.

Bei der Verwitterung liefert er Porzellanerde (Halle, Meißen) und Tone.

2. Der Trachyt bildet ein rauhes, grau gefärbtes Gestein aus glasigem Orthoklas (Sanidin) und Hornblende oder Glimmer; er gleicht also dem Syenit. Bekannte Fundorte sind: Siebengebirge bei Bonn, Eifel, Ungarn, Auvergne u. a. Er dient als Baumaterial, als Pflaster- und Mühlstein.

3. Phonolith ist ebenso wie der Trachyt ein Sanidingestein. Als weitere Gemengteile sind die feldspatähnlichen Nephelin und Leucit zu nennen, dazu kommen manchmal Augit, Hornblende, Glimmer, Magneteisen u. a. Das grünlichgraue oder bräunliche Gestein zerbricht beim Zerschlagen in dünne Platten, welche beim Anschlagen einen hellen Klang geben (daher Phonolith = Klingstein). Es findet sich im böhmischen Mittelgebirge, Westerwald und Rhön, Eifel, im Hegau u. a.

4. Diabas ist ein grobes bis fast dichtes grünliches (Grünstein!) Gestein, bestehend aus Plagioklas und Augit, nebst gelegentlicher Beimischung von Olivin, Apatit, Magnetit u. a. Er bildet Gänge und Lager im Vogtlande, der Lausitz, im Harz, Fichtelgebirge, in Nassau u. a.

5. Melaphyr (Mandelstein) ist ein bräunliches oder schwärzliches Gestein, welches im wesentlichen aus Plagioklas, Augit und Olivin besteht. Dazu können noch Apatit und Magnetit treten. Vielfach enthält das Gestein Blasenräume (es ist also aus einer sehr gasreichen Lava entstanden), welche bei der Verwitterung mit Achat, Chalzedon, Amethyst oder Kalkspat ausgefüllt werden. Als Vorkommen seien genannt: Südrand des Harzes, Erzgebirge, Thüringer Wald, Hunsrück u. a.

6. Basalt ist ein schwärzliches, bald grobkörniges (Dolerit), bald feinkörniges bis dichtes jungvulkanisches Gestein. Man unterscheidet nach der Zusammensetzung:

a) **Feldspatbasalt**: Plagioklas, Augit, Olivin, Magneteisenerz; in der Eifel, dem Siebengebirge, der Rhön, dem Vogels-
berge, der Lausitz u. a. vorkommend

b) **Nephelinbasalt** aus Nephelin, Augit und Olivin zu-
sammengesetzt: Odenwald, Rhön, Erzgebirge usw.

(Photoglob-Co., Zürich.)

Fig. 53.　Fingalshöhle auf Staffa.

c) **Leucitbasalt** aus Leucit, Augit und Olivin bestehend und
in der Eifel, dem Erzgebirge und anderen Orten vorkommend.

Der Basalt hat die Neigung, sich in fünf- bis sechseckigen
Säulen abzusondern (Fingalshöhle auf Staffa, Fig. 53).

Das Gestein liefert ein gutes Straßenmaterial.

II. Die Sedimentärgesteine oder Sedimente.

§ 1. Die Sedimente

zeigen entsprechend ihrer Entstehung und Ablagerung stets
eine ausgebildete Schichtung.

Man unterscheidet nach der Art ihres Ursprungs:

1. **Chemische Sedimente**, wie das Steinsalz, der Gips
oder der Kalk, sind solche, welche sich aus Lösungen absetzen.

2. Organische Sedimente werden durch die Tätigkeit der Tier- und Pflanzenwelt gebildet, z. B. Raseneisenstein, Korallenkalk, Kohlen u. a.

3. Mechanische Sedimente, welche durch Zerstörung anderer Gesteine entstehen (daher auch klastische Gesteine genannt, von klaein = zerbrechen).

Doch ist diese Einteilung, wie oft in der Natur, nicht scharf, so sind z. B. manche Kalke chemische Sedimente, andere organische.

Von den Sedimenten sind einige schon bei den zusammensetzenden Mineralien besprochen, so das Steinsalz, der Gips, der Kalk, der Dolomit, das Brauneisenerz.

Hier mögen nur die wichtigeren, noch nicht erwähnten kurz behandelt werden.

1. Die Kohlen. Während die Pflanzenreste an der Erdoberfläche bei Luftzutritt unter Hinterlassung geringer Aschenmengen verwesen, verwandeln sie sich in Sümpfen unter Wasserbedeckung in eine braune Masse, den Torf; je älter der Torf ist, desto weniger deutlich erkennbar wird seine pflanzliche Beschaffenheit.

a) Braunkohle: Hierunter versteht man erdige, blättrige, schiefrige bis dichte, braun- bis schwarzgefärbte Kohlen, welche man unter anderem in der norddeutschen Tiefebene in tieferen Erdschichten (den Tertiärschichten) sehr verbreitet findet. Meist läßt sie ihren pflanzlichen Ursprung deutlich erkennen (holzige Braunkohle). Sie stammt von Nadelhölzern, Eschen, Pappeln, Weiden und anderen Pflanzen.

Die Braunkohle dient als Brennmaterial, durch trockene Destillation erhält man aus ihr Paraffin. Die ganz dichte „Pechkohle" wird zu verschiedenen Kunstgegenständen (Knöpfen, Trauerschmuck u. dgl.) verarbeitet. Die erdige findet als Malerfarbe (Kölnische Umbra) Verwendung.

b) Steinkohle. Sie ist noch älter als die Braunkohle und ebenfalls pflanzlichen Ursprungs (Kalamiten = baumförmige Schachtelhalme, Lepidodendren und Farne sind die hauptsächlichsten Erzeuger). Sie ist schwarz gefärbt und besitzt Glas- und Fettglanz. Sie findet sich in großen Lagern in West-

falen, Oberschlesien, in der Gegend von Saarbrücken, in England, Nordamerika, China.

c) **Anthrazit**, die älteste Kohle, dicht mit muschligem
Bruch, eisenschwarz gefärbt, mit metallartigem Glanze findet
sich in Nordamerika, England, Sachsen und den Westalpen.

2. **Die klastischen Sedimente.** Durch die Zertrümme-
rung der Gesteine entsteht zunächst grober **Grus** und **Schotter**,
durch weitere Zerkleinerung und Zerstörung **Kies** und schließlich **Sand**, welcher fast nur noch aus Quarzkörnchen besteht.

Werden die Gesteinsbruchstücke durch Einlagerung einer
bindenden Substanz (**Bindemittel**, meistens Kieselsäure, auch
Brauneisenerz, Ton, Kalk) miteinander verkittet, so spricht man
von **Breccien**, wenn die Gesteinsbruchstücke eckig und scharf-
kantig sind, von **Konglomeraten**, wenn sie abgerundet sind.

Sandstein ist aus Quarzkörnchen gebildet, welche durch
großen Druck zusammengepreßt und durch ein Bindemittel
verkittet sind. Kieselige, kalkige und tonige Bindemittel färben
den Sandstein hell, während eisenhaltige ihn rot oder braun,
kohlige ihn schwarz färben. Hierher gehört auch die **Grau-
wacke**.

Die feinsten Reste werden als **Ton** und **Lehm** (vgl. S. 39)
abgelagert. Der ebenfalls hierher gehörige **Mergel** ist ein
Gemenge aus Kalk und Ton. Der namentlich in China ver-
breitete **Löß** ist ein Gemenge aus Kalk und Ton und feinstem
Quarzstaub.

Wenn die Tonmassen verhärten, so entsteht **Schieferton**,
ein mehr oder minder dunkel gefärbtes Tongestein, das durch
Feuchtigkeit sich nach und nach in Tonschlamm verwandelt.

Noch härter ist der **Tonschiefer**, ein schwarzes, schiefriges
Tongestein, das meist gut spaltet.

Unter **Tuff** versteht man verfestigte vulkanische Aschen.

§ 2. Kontaktmetamorphose.

Die vulkanischen Gesteine, namentlich die Tiefengesteine, wirken
durch ihre Hitze und die mitgeführten Dämpfe auf die durchbrochenen
Sedimentärgesteine umgestaltend und umkrystallisierend ein. So entstehen aus Kalken in Berührung mit Eruptivgesteinen **Marmor**; Schiefer
werden zu **Fruchtschiefern**, **Fleckschiefern** und **Hornsteinen**,

Sandsteine und Tone werden gefrittet (oberflächlich geschmolzen) zu glasigen Massen bzw. zu ›Porzellanjaspis‹, Braunkohle und Steinkohle werden verkokt u. a. Auch bilden sich oft im Nebengestein wichtige Mineralneubildungen (Zinnstein, Topas, Flußspat u. a.).

III. Die krystallinen Schiefer.

Dringt man von der Oberfläche immer tiefer in die Erde ein, so kommt man schließlich zu Erdschichten, welche zwar wie die Tiefengesteine krystallinisch körnig sind, aber wie die Sedimente Schichtung zeigen. Man nennt sie krystalline Schiefer.

Über ihre Entstehung herrschen noch verschiedene Ansichten. Am wahrscheinlichsten ist die Annahme, daß es durch Gebirgsdruck und Erdwärme umgewandelte Gesteine sind.

1. Der Gneis hat dieselbe Zusammensetzung wie der Granit: Quarz, Orthoklas und Glimmer, zeigt aber Schichtung. Er findet sich in den Zentralalpen, im Böhmerwalde, in den Sudeten, Fichtelgebirge, Schwarzwald und Vogesen u. a.

2. Der Granulit besteht aus Orthoklas, Quarz und Granat und findet sich im Erzgebirge.

3. Der Glimmerschiefer besteht aus Glimmer und Quarz, neben welchen sich Granat, Hornblende, Apatit, Graphit und andere einstellen können. Zentralalpen, Böhmerwald, Sudeten, Erzgebirge, Fichtelgebirge, Spessart, Odenwald usw.

4. Phyllit (Urtonschiefer). Dichtes oder äußerst feinkörniges, ausgezeichnet schieferndes Gestein von grauer, grüner oder blauschwarzer Farbe, bildet die oberste Schicht der krystallinen Schiefer und den Übergang zum Tonschiefer, durch dessen Umwandlung er wahrscheinlich entstanden ist. Er wird als Dachschiefer verwendet.

5. Quarzit ist ein hartes Gestein, welches aus körnigem bis dichtem Quarz besteht, dem Glimmerschuppen eingelagert sind. Er bildet oft mächtige Einlagerungen in anderen krystallinen Schiefern.

Sachregister.

www.ingramcontent.com/pod-product-compliance
Lightning Source LLC
Chambersburg PA
CBHW031454180326
41458CB00002B/760